AF502310

PETIT MANUEL

DE

TRAVAUX D'AMATEURS

PETIT MANUEL

DE

TRAVAUX D'AMATEURS

PAR

H. DE GRAFFIGNY

Pliage et découpage du papier. — Cartonnages de toute espèce
Encadrements. — Brochage, Reliure
Pyrogravure sur bois et sur cuir
Moulage et travail du Plâtre — Vannerie, Corderie
Travaux divers

Illustré de 90 Gravures explicatives

PARIS
Collection A.-L. GUYOT
51, rue Monsieur-le-Prince, 51

INTRODUCTION

Que faire, le soir ou le dimanche, quand on a quelques heures de liberté et que l'on veut rester chz soi, en famille, au lieu d'aller se livrer à l'abrutissante manille en buvant des alcools frelatés ?...

On peut dire qu'on n'a que l'embarras du choix, et si nous avons un conseil à donner, c'est de conserver de préférence ses heures de loisir à entreprendre un travail quelconque ayant pour but l'amélioration ou l'embellissement de l'intérieur que l'on habite. Un objet exécuté de ses mains présente toujours une plus grande valeur pour celui qui l'a fabriqué que le même objet, cependant bien mieux fini et plus parfait acheté dans un magasin. Dans bien des cas, il revient moins cher, aussi peut-on dire que les travaux manuels inspirent l'ordre, la méthode, l'économie et développent le goût et le sentiment artistique. Celui qui est parvenu à acquérir quelque habileté dans une variété d'opérations ne tarde pas à en retirer d'heureux résultats ; car, avec le même budget, il peut augmenter son bien-être et son confort. Que d'utiles compléments il peut ajouter à l'appartement, au jardin ou à la serre, sans parler des mille bibelots qu'il prodigue autour de lui et qui ont pour ses yeux l'immense valeur d'être l'ouvrage de ses mains !...

Quelques personnes penseront peut-être que c'est une singulière manière de se délasser du labeur fatigant de la journée, au bureau, à l'atelier ou au magasin, que d'entreprendre, aussitôt rentré chez soi, un nouveau travail, fût-il d'agrément, et de lui consacrer toutes ses heures libres jusqu'à l'achèvement de l'œuvre. A ces personnes, nous répondrons que cette façon d'agir porte elle-même sa récompense et présente d'incontestables avantages. D'abord, elle met en jeu toutes les ressources inventives de l'esprit, elle provoque un exercice des plus salutaires, surtout pour les gens sédentaires ; elle développe l'habileté manuelle et l'adresse chez les jeunes gens qu'elle soustrait aux influences néfastes du dehors, et elle conduit le père de famille à se plaire dans l'intérieur qu'il a orné lui-même.

Les travaux d'amateurs ne ressemblent en rien d'ailleurs aux ouvrages que l'on exécute à l'usine ou dans un atelier, où il faut produire rapidement et sans relâche. Chez soi, loin du patron et des obligations de fournir une tâche déterminée d'avance, on peut en prendre à son aise et choisir le genre d'occupation qui plaît davantage. Quant à cette occupation, parmi celles qui se présentent à l'esprit, l'on peut citer la menuiserie, le tour, le découpage, la pyrogravure, la marqueterie, la serrurerie, la galvanoplastie, le modelage, la reliure, et vingt autres du même genre.

Evidemment, il faut une certaine patience au débutant pour arriver à réussir dans le genre auquel il a décidé de s'adonner. Il y a, dans la pratique de tous les arts, de tous les métiers, une période d'apprentissage, plus ou moins longue suivant les personnes, mais qui est toujours indispensable. Il faut bien apprendre à se servir d'outils dont l'usage était auparavant peu connu, et acquérir, par l'expérience, par l'exercice répété, l'habileté voulue pour conduire à bonne fin l'entreprise commencée. Il ne faut pas vouloir aller trop promptement ni vouloir fabriquer du premier coup des chefs-d'œuvre, comme le font beaucoup d'amateurs, car c'est là une cause fréquente d'insuccès. Il faut commencer par les opérations les plus simples, et ne passer à de plus compliquées que lorsqu'on sait conduire parfaitement ses outils et que l'on a surmonté les difficultés inhérentes à tout début.

Il faudrait un gros volume pour expliquer minutieusement tous les détails qu'il est bon d'observer lors de l'exécution de ces divers travaux ; vu le cadre un peu étroit qui nous est imparti dans cette Collection, force nous est de nous borner aux choses élémentaires, et c'est pourquoi nous ne parlerons, au cours des pages qui vont suivre, que de la fabrication des objets en papier, des cartonnages et encadrements, de la vannerie, de la pyrogravure et des arts les plus simples, nous réservant de décrire ultérieurement le travail du bois et des métaux dans d'autres volumes de la Collection Guyot.

Mieux encore que la lecture, la pratique des travaux manuels peut occuper les loisirs de l'homme de bureau et de l'ouvrier. C'est un procédé moralisateur de haute valeur et dont on ne saurait que conseiller l'extension à toute la jeunesse. Et si les quelques pages qui suivent peuvent inspirer le goût de ces occupations familiales à ceux qui les parcourront, notre but sera atteint.

H. de GRAFFIGNY.

Le Gai Séjour 1900.

Petit Manuel de Travaux d'Amateurs

CHAPITRE PREMIER

CONSTRUCTIONS EN PAPIER

Matériel et outillage

Les opérations les plus simples sont celles qui mettent en œuvre une matière que l'on peut considérer comme usuelle : le papier. Avant d'entreprendre des travaux présentant quelques difficultés d'exécution, il est indispensable de savoir comment les plus élémentaires s'obtiennent, et le papier, qu'il est facile de se procurer, donne le moyen de reproduire, simplement en le pliant de différentes façons, diverses figures géométriques et un certain nombre d'objets usuels.

Lorsqu'on sait effectuer correctement les plis et reproduire les formes des objets avec le papier ordinaire, on peut passer à des exercices un peu plus difficiles, pour lesquels le carton mince, appelé *carte* dans le commerce, convient tout particulièrement.

Le matériel et l'outillage pour ce genre de travaux se compose donc : 1° de feuilles de papier de toutes dimensions, neuves ou usagées ; 2° d'une paire de ciseaux ; 3° d'un pot à colle avec pinceau. (La gomme arabique dissoute est préférable à la colle de pâte). Lorsqu'on emploie le carton, il faut, en plus des feuilles ou *cartes* neuves, un tranchet de *cartonnier*, lame tranchante à deux biseaux emmanché dans un morceau de bois où elle est rivée, et un carreau de verre assez épais et encadré par une feuille de papier collée sur les bords pour éviter de se blesser en frottant la main sur l'arête du verre. Ce carreau est préférable à une planche de bois dur ou de zinc, car il permet de réaliser une découpure franche et sans bavures du carton.

Voici maintenant la description de ce que

l'on peut obtenir avec ces matériaux en commençant par les formes les plus simples :

Pliage du papier

La première chose que l'on ait à faire, lorsqu'on veut donner une forme déterminée à une feuille de papier, c'est de tailler celle-ci en un carré parfait. Si le morceau dont on dispose ne présente pas ce contour, que ce soit par exemple un rectangle, on en fait un carré de la manière suivante :

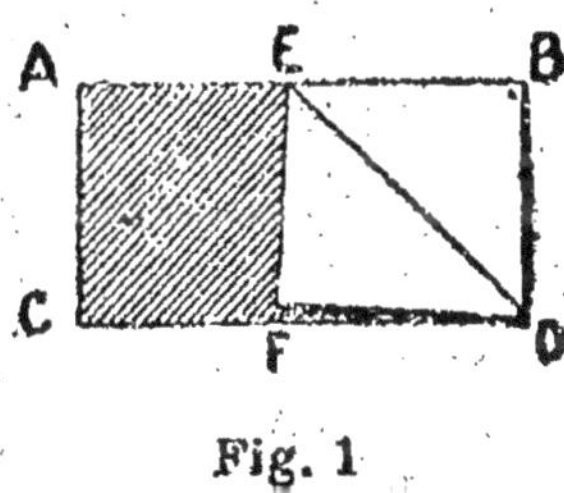

Fig. 1

On rabat un coin de la bande de papier (fig. 1), de telle manière que le côté supérieur vienne se superposer à celui du bas. Ce rabattement s'opère du coin D jusqu'au point E, le coin B vient en F, suivant la ligne ED. On plie le papier suivant la ligne

EF qui doit former un angle droit avec les deux côtés du papier AB et CD, et on retranche avec des ciseaux, suivant cette ligne EF, le morceau AE CF, excédent. En redressant le pli ED, on obtient un carré parfait E F B D dont tous les côtés présentent la même longueur et sont parallèles deux à deux.

Former un hexagone avec un carré. — Il faut déterminer en premier lieu le centre du carré et pour cela on plie en deux parties en superposant exactement l'angle C

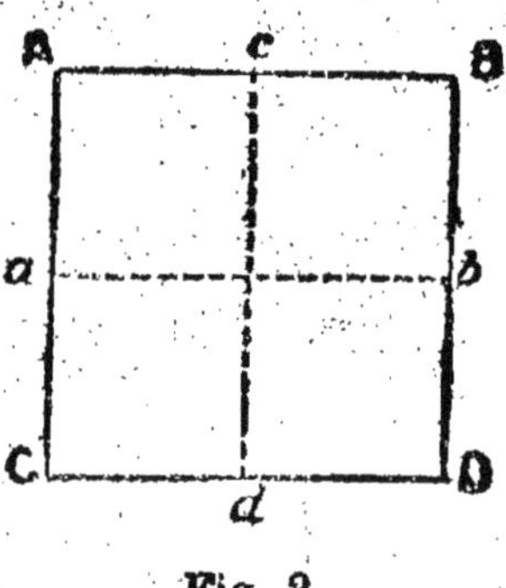

Fig. 2

sur l'angle A et l'angle D sur B (fig. 2), on obtient ainsi la ligne *ab*. On retourne la feuille et on la plie une seconde fois à angle droit suivant la ligne *cd*. Cela fait, on continue à plier le papier, à partir du centre du carré II, de façon à faire trois angles égaux : 1, 2, 3, comme montre la fig. 3. Enfin, on replie encore le panier suivant la ligne MN parallèle au côté DC ; quand on le dépliera, on aura obtenu une figure ayant

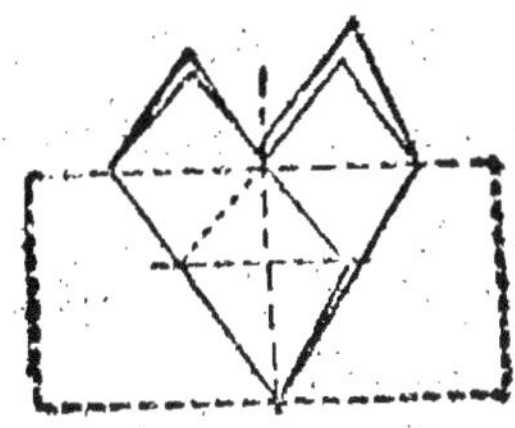

Fig. 3

six côtés égaux et que l'on appelle, en géométrie, *hexagone*. C'est exactement le contour présenté par les carreaux de terre ou de faïence employés pour le pavage des cuisines et le revêtement des murs (Fig. 4).

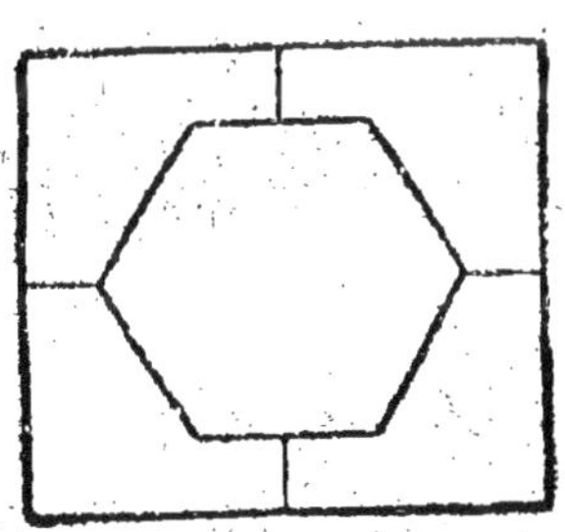

Fig. 4

Construire une étoile dans l'hexagone. — Les côtés de l'hexagone ayant été découpés dans le carré primitif, pour transformer cette figure en celle d'une étoile, on rabat vers le centre les coins ABCDEF (fig. 5). On détermine ainsi les plis AC, FB, CE, BD et DF qui se croisent et forment le dessin d'une étoile à six pointes, représentée en hachures sur le dessin. On retranche simplement aux ciseaux les parties blanches.

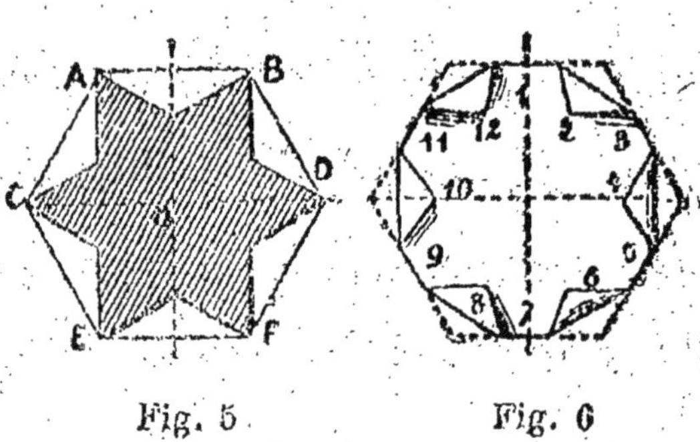

Fig. 5 Fig. 6

On peut encore faire, avec cet hexagone régulier, une autre figure géométrique présentant douze côtés égaux, c'est-à-dire un *dodicagone*. Il suffit pour cela de rabattre les angles comme le montre la fig. 6 ; on obtient 12 côtés numérotés de 1 à 12.

Construire un carré de surface moitié

moins grande que celle du carré primitif. — Sur le centre O du carré (fig. 7), on rabat les coins ABCD ; on obtient un carré dont la surface est exactement la moitié de celle du carré primitif.

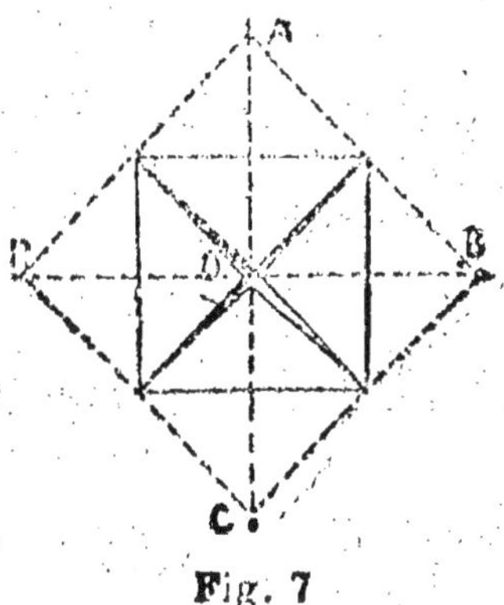

Fig. 7

On peut, avec ce second carré, composer une foule de figures régulières, différentes. En rabattant en dehors le sommet des angles, de telle sorte que leurs pointes restent sur les deux lignes médianes, on obtient la fig. 8. En rabattant ces angles de façon à faire toucher les pointes au bord du carré, on a la forme représentée par la fig. 9.

D'après cette même méthode, on peut encore composer une foule de figures nouvelles. On prend d'abord un grand morceau de papier carré dont on rabat les quatre angles de manière que les pointes se réunissent au centre. On retourne le papier, les plis en

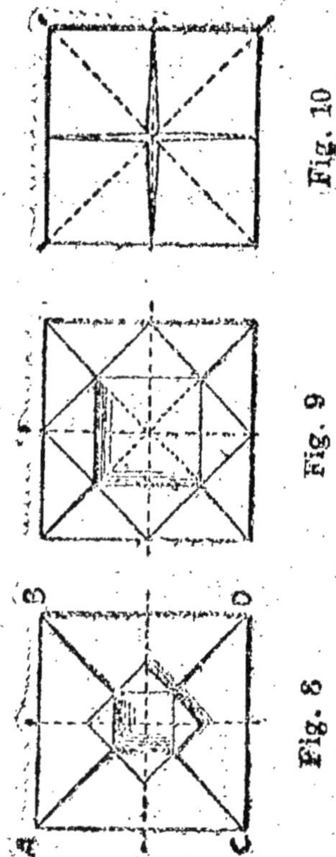
Fig. 10
Fig. 9
Fig. 8

dessous, appliqués sur la table, puis on recommence la même opération, ce qui donne un carré dont la surface est le quart de celle du carré primitif. En retournant ensuite le papier, on a un carré recouvert de quatres autres petits qui tiennent au carré du fond par deux de leurs côtés (fig. 10).

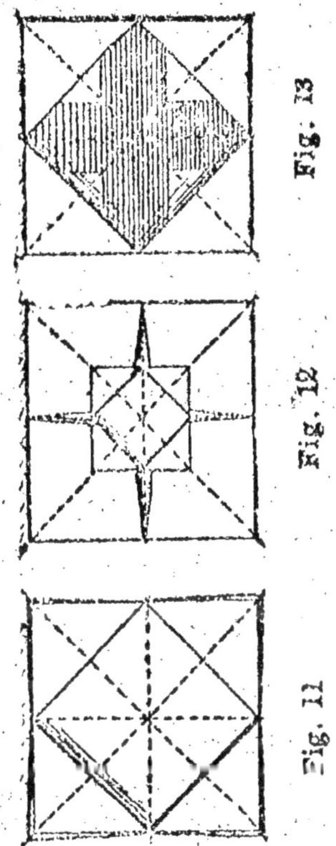
Fig. 13
Fig. 12
Fig. 11

Avec cette feuille ainsi disposée, on peut former : 1° la fig. 11 en pliant les angles *acb* des quatre petits carrés en dehors, de façon à ramener les sommets des angles vers ceux du grand carré ; 2° la fig. 12 en repliant les pointes mobiles de façon à ramener ces pointes au milieu des diagonales de ces carrés ; 3° la fig. 13 en pliant les triangles *abc* de la manière indiquée plus haut.

Construction d'objets usuels

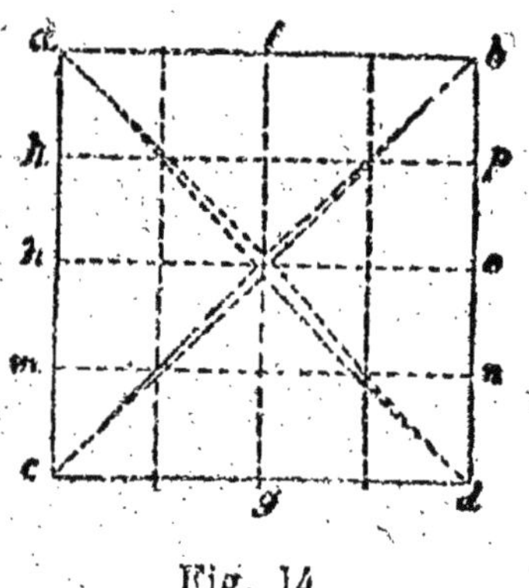

Fig. 14

Toujours d'après les méthodes qui précèdent, on peut arriver à reproduire la forme d'objets usuels. Sans parler de la *cocotte* en papier chère aux écoliers, on peut rappeler la *table*, le *chapeau de gendarme*, les *filtres* et les *boîtes*. Nous consacrons un paragraphe à chacun de ces objets.

Table. — On plie un carré de la manière déjà expliquée, en rabattant les quatre angles, les pointes au centre ; on retourne le papier et on le plie en huit, de manière à tracer seize carrés (fig. 14). On ramène les pointes *efgh* vers le centre en conservant à plat sur la table le carré central, puis on redresse les quatre plis des angles ; on obtient alors, en retournant le papier, la forme re-

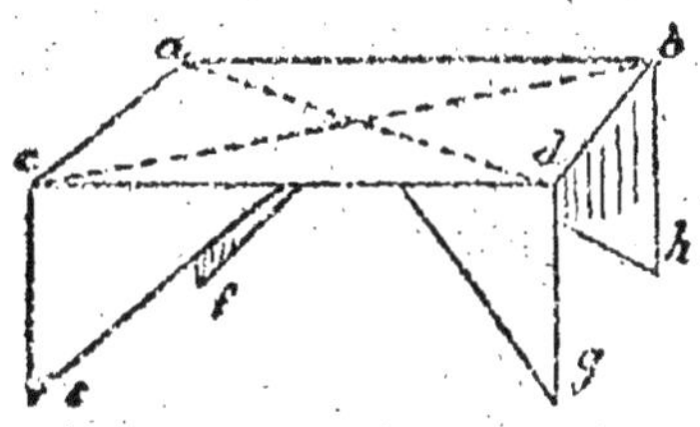

Fig. 15

présentée fig. 15 qui rappelle l'aspect d'une table soutenue par quatre pieds.

Chapeau de gendarme. — En pliant une feuille de papier rectangulaire en deux dans le sens de la longueur, en rabattant les coins A et B en A' et en B' et en relevant ensuite les rectangles R (fig. 16), on fabrique le *chapeau de gendarme,* dont se coiffent les apprentis imprimeurs et les peintres en bâtiment, ces derniers dans le but de préserver leur tête des éclaboussures quand ils badigeonnent des plafonds. En rabattant les

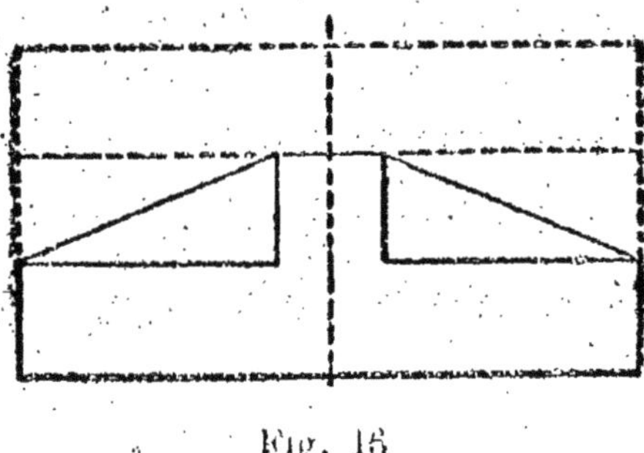

Fig. 16

coins du chapeau de gendarme et en les faisant rentrer l'un dans l'autre, on a le bonnet d'évêque ou *mitre* (fig. 17).

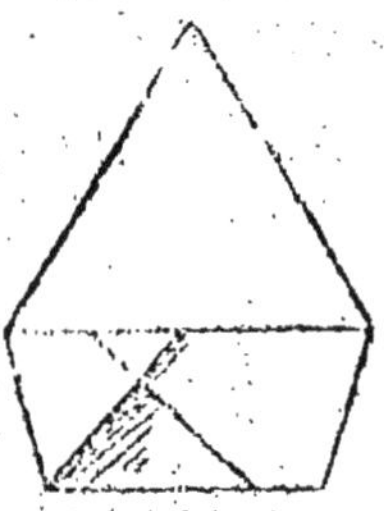

Fig. 17

Filtres. — Les filtres en papier peuvent être plissés ou unis. Dans le preimer cas, on prend une feuille de papier carrée, on la plie en deux suivant la diagonale (fig. 18). On plie A sur B pour obtenir le pli E, puis, toujours dans le même sens, A sur E pour avoir le pli F. On plie ensuite en sens inverse A sur F pour produire le pli G, et, tout en tenant ce pli serré entre les doigts, on en fait un de même sens entre F et E. On ramasse tous ces plis entre les doigts et on plie l'espace ECB comme celui ACE en

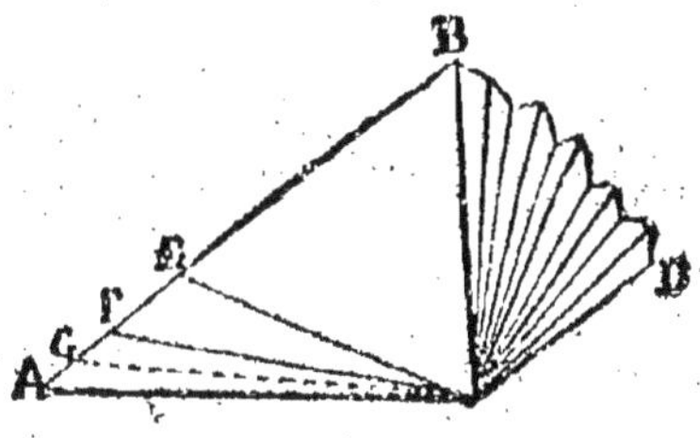

Fig. 18

faisant alternativement les plis en sens inverse et ainsi de suite. Ces plis doivent être fortement arrêtés par la pression de l'ongle, mais sans être cependant prolongés jusqu'à l'extrémité du papier pour éviter de le déchirer. Une fois tous ces plis, au nombre de 32, pressés et rassemblés, on les coupe à la longueur du plus court rayon pour rendre le bord régulier. On introduit le doigt dans l'intérieur jusqu'au centre, que l'on presse dans le creux de l'autre main pour l'arrondir, puis on ouvre les plis. On a finalement un cône divisé en parties égales formant des angles alternativement rentrants et saillants, sauf en deux points opposés qu'il faut diviser par un angle rentrant au moyen d'un pli intermédiaire. Le filtre est terminé et peut être placé dans un entonnoir en verre sur la surface intérieure duquel on l'applique en égalisant les plis avec le doigt.

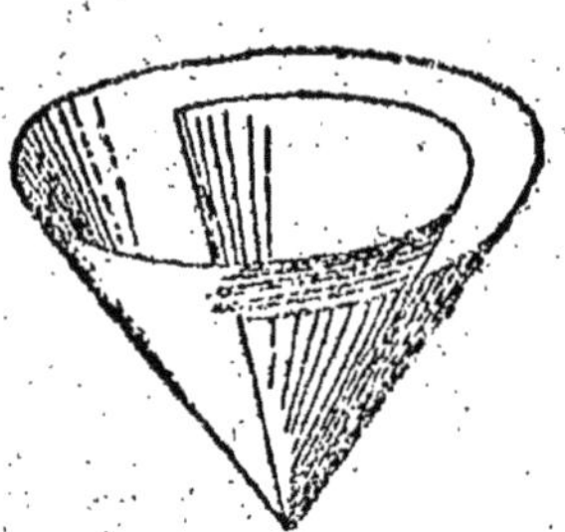

Fig. 19

Le filtre uni se fabrique en pliant deux fois un carré de papier dans le sens des deux diagonales ; on coupe alors à la longueur du plus court rayon en séparant un quart de cercle des trois autres. On produit ainsi une cavité en forme de cône droit qui s'applique exactement dans les entonnoirs dont les parois sont inclinées suivant un angle de 60 degrés. Lorsqu'on se sert d'un filtre de ce genre, il convient de bien appliquer le papier contre la paroi de verre, afin d'empêcher autant que possible l'écoulement du liquide à filtrer entre le papier et l'entonnoir (*fig.* 19).

En retranchant à un filtre plissé une certaine partie de sa longueur, très près du centre suivant la ligne pointillée *a b*, et en le retournant son ouverture en bas, on obtient un *abat-jour* qu'il suffit de garnir d'une monture à griffes pour être fixé sur une lampe (*fig.* 20).

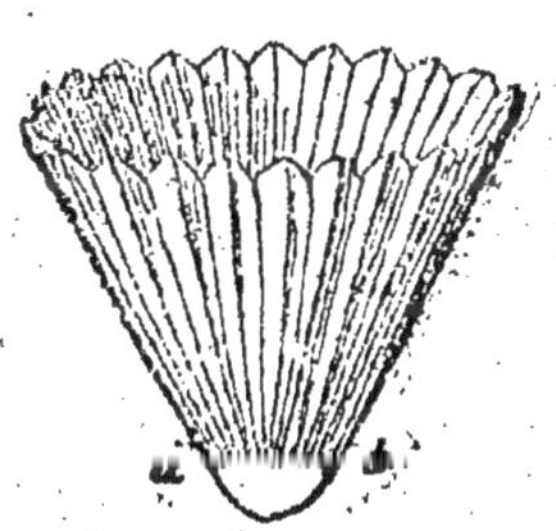

Fig. 20

La flèche et le parachute. — Ce sont deux petits objets que la plupart des écoliers savent fabriquer. Pour le premier de ces objets, il faut une feuille de papier au moins une fois plus longue que large et assez rigide, et que l'on double dans le sens de la longueur, de manière à faire le pli EX (fig. 21). On ouvre le papier, on porte les deux coins *aa* de l'une des extrémités sur la ligne du milieu et on apporte sur cette même ligne les deux nouveaux coins *bb* qui tombent en *c*. On rabat en dehors les deux

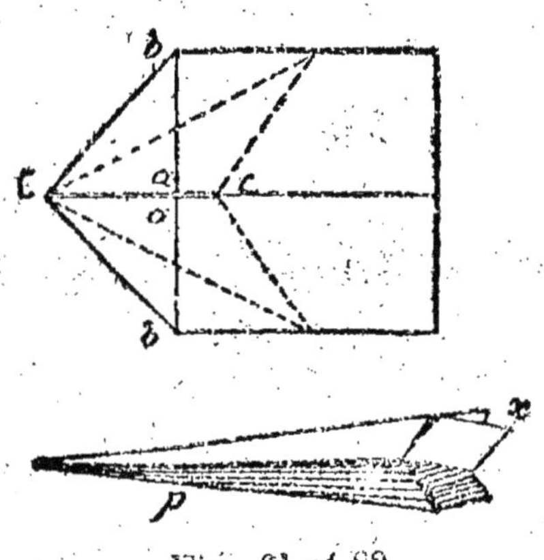

Fig. 21 et 22

côtés extérieurs *dd* sur le même pli XE et on obtient en définitive la forme représentée par la fig. 22. Pour lancer cette flèche au loin, on la saisit entre le pouce et l'index de la main droite, et on la projette la pointe en avant ; elle décrit alors une trajectoire assez étendue si le papier qui la constitue est bien rigide.

Le parachute est fabriqué, lui, avec du papier très léger ; le papier de soie ou mousseline est celui qui convient le mieux. On prend un carré régulier et on le plie en diagonale pour former un triangle, puis on le plie une seconde fois, une troisième, etc.

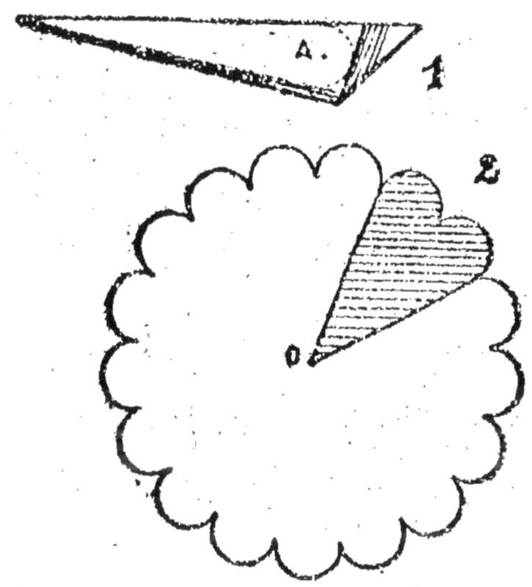

Fig. 20 et 21

fois de la même façon, toujours en partant du centre, et l'on obtient trois plis de longueur égale et un pli plus long. Sur l'un des plus court, on trace au crayon une demi-circonférence, comme il est indiqué fig. 23 et on découpe tous les plis d'un seul coup de ciseaux. En dépliant la feuille de papier, on a un cercle festonné sur le bord ; on retranche avec les ciseaux le secteur A (fig. 24), on rapproche les bords BC de l'échancrure, et on les colle l'un à l'autre, puis on perce avec une épingle le papier au centre de

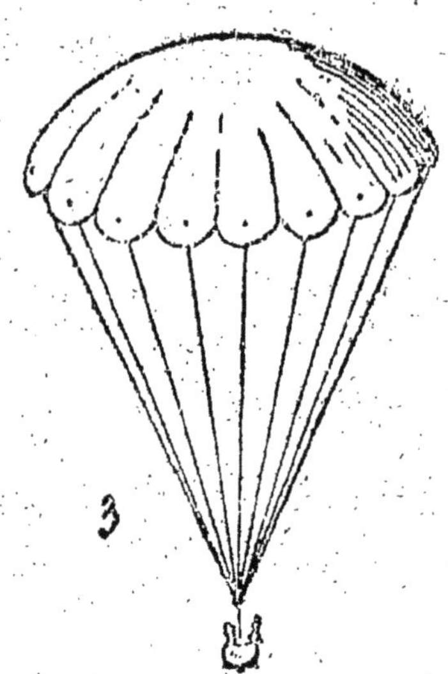

Fig. 25

chaque feston, on passe un fil à travers ce trou, en l'arrêtant par un nœud à l'extrémité. Tous les fils sont ensuite coupés à la même longueur et réunis par un seul nœud, auquel on peut suspendre en guise de lest un bouchon ou une petite boîte très légère représentant une nacelle avec son aéronaute. On obtient, en résumé, le petit appareil bien connu (fig. 25), qui, exposé à l'effet du vent, peut s'élever jusqu'à une grande hauteur pour redescendre ensuite gracieusement ouvert.

Le soufflet et la bourse. — Pour fabriquer le petit objet en papier auquel les écoliers donnent le nom de soufflet, on commence par préparer, d'après les moyens déjà expliqués, un carré de papier mesurant de 25 à 30 centimètres de côté. On double cette feuille de quatre manières différentes et

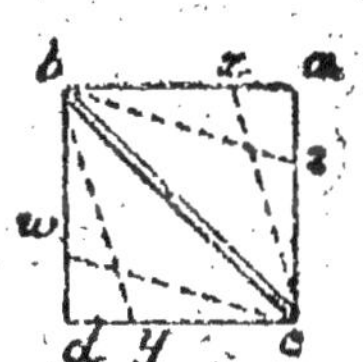

Fig. 26 *a*

successives. La première consiste à amener un côté sur celui qui lui est opposé, à former le pli et ouvrir la feuille ; la deuxième à rabattre un côté sur le côté opposé, à former un second pli perpendiculaire au premier, et à ouvrir le papier qui se trouve ainsi marqué d'une croix dont les bras sont parallèles aux côtés. Le troisième pli consiste à porter un coin sur le coin qui lui est opposé, et le quatrième, à porter, quand on a ouvert la feuille, un coin sur le côté opposé, ce qui forme alors une deuxième croix de Saint-André. Saisissant deux coins opposés entre le pouce et l'index de chaque

Fig. 26-2

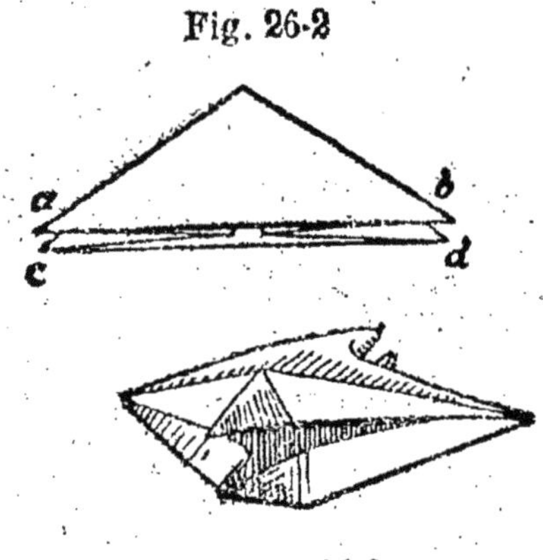

Fig. 26-3

main, on ferme les plis du milieu, on prend les coins *a* et *b* pour les réunir en *e* ; on retourne le papier et on amène également en *e* les coins *c* et *d* (fig. 26), les lignes en pointillé *bzcx* indiquent les plis que l'on forme, d'abord en appliquant le premier pli sur la ligne *bc*, *ca* sur *cb*, ensuite sur *bc* et *cd* sur *cb*. On ouvre ensuite le papier avec le bout du doigt, aux endroits *axz* et *dvc*, de manière à former deux cornes devant représenter les pointes du soufflet que la fig. 26, 8 montre terminé.

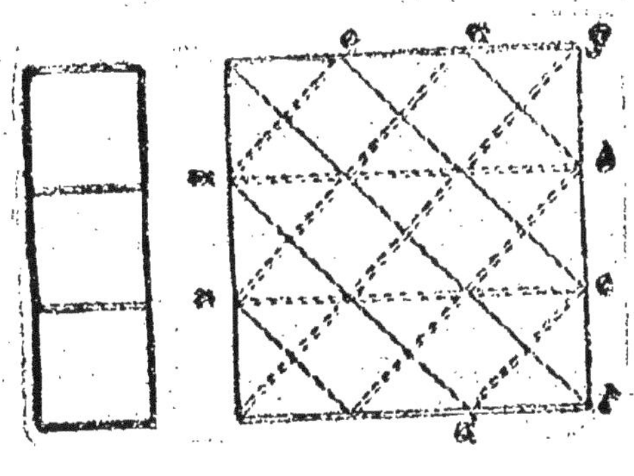

Fig. 27

La bourse en papier s'exécute avec un morceau de papier carré, que l'on plie en trois parties égales sur sa hauteur, puis une seconde fois en trois dans l'autre sens; on produit ainsi un carré que l'on pince aux quatre coins pour faire rentrer les côtés et lui donner l'aspect d'une étoile. Tous les plis bien tracés, comme dans la fig. 27, on saisit les points *a* et *b* entre le pouce et l'index d'une main, en même temps que l'on saisit de l'autre main *c* et *d*. On tord doucement le papier pour que les quatre coins se doublent et se rabattent chacun sur un côté dans la même direction. Amenez la pointe *a* sur la pointe *b*, *c* sur *d* et *e* sur *f* et ainsi de suite. Glissez la pointe *g* dans une petite ouverture pratiquée entre les pointes *h* et *i*, et la pointe *l* entre *m* et *e*, et la bourse est terminée.

Boîtes en papier. — On prend une feuille de papier rectangulaire et on la plie en huit suivant sa largeur, alternativement dans un sens et dans l'autre, à l'exception des deux dernières parties qui doivent être pliées du même côté que les avant-dernières. On plie cette espèce de paravant comme l'indique la fig. 28 1, on rabat les coins ABCD vers l'intérieur des angles *d*, *o*, *a* et *c*, *o*, *b*, ainsi que les coins inférieurs, on replie les quatre feuillets de telle sorte que les feuillets A et B restent à l'extérieur. C'est alors une espèce de petit bateau (fig. 28 2), que l'on obtient, ce bateau étant séparé en son milieu par une cloison. En faisant ensuite un pli suivant *ef*, *g*, *h*, tout en maintenant verticales les deux parois extérieures A et B et en aplatissant sur la table la paroi intérieure, on a la boîte représentée en perspective par la fig. 28 3.

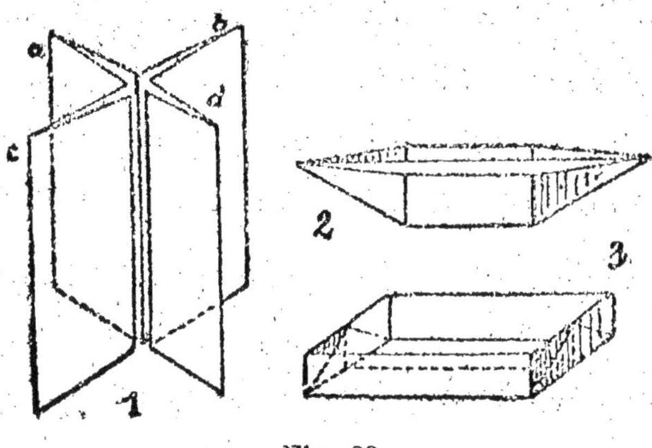

Fig. 28

Bandes de papier pliées. — On découpe des bandes de papier de deux centimètres de largeur, et on s'exerce, en pliant ces bandes

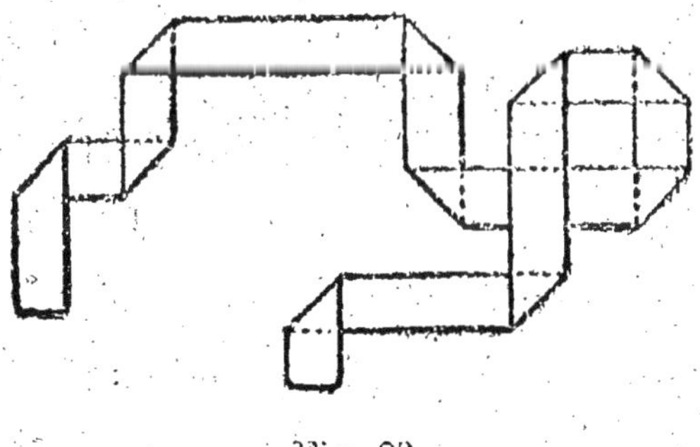

Fig 29

de diverses manières à reproduire des contours de toute espèce, comme les fig. 29 à 32

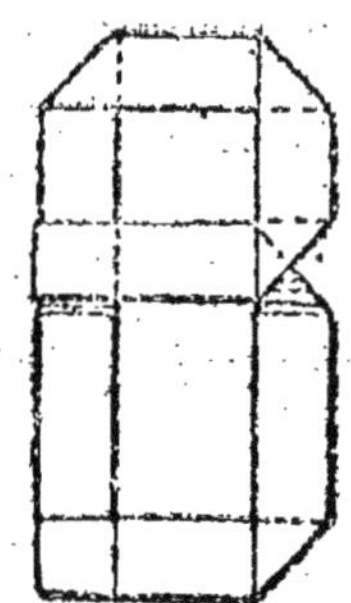

Fig. 30

en montrent des exemples. Il faut une certaine dextérité de la main, en même temps

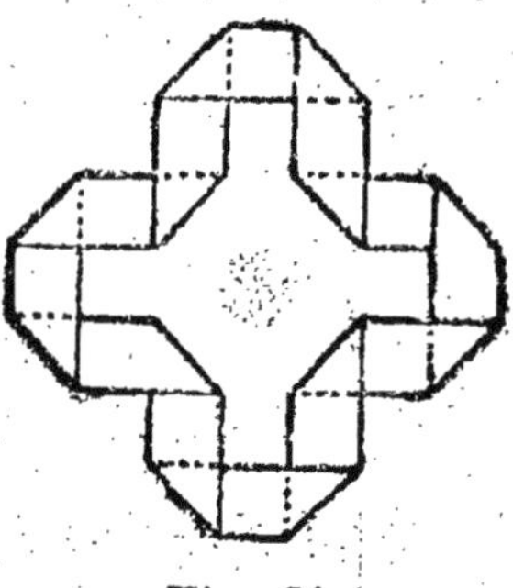

Fig. 31

que de la rectitude du coup d'œil pour réussir des tracés réguliers. On peut imaginer toutes sortes de combinaisons avec ce procédé ; pour plus de facilité, on se servira, comme on s'appliquera à suivre les lignes de ce guide, d'une feuille de papier quadrillé sur

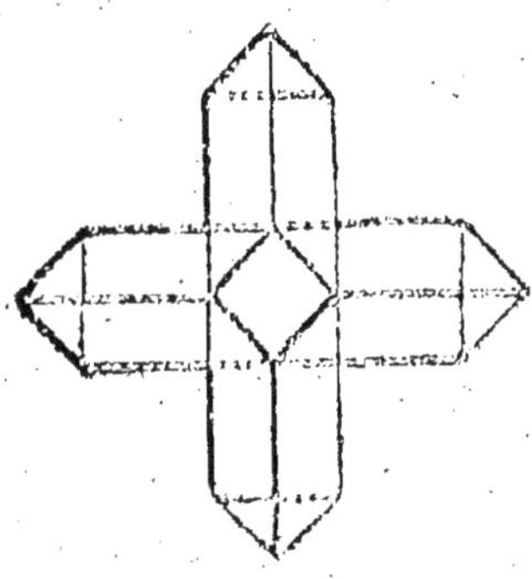

Fig. 32

laquelle on appliquera la bande de papier et papier pour replier suivant l'angle convenable la bandelette à mesure que le travail s'effectuera.

CHAPITRE II

LES CARTONNAGES

Continuant progressivement l'exposé des travaux préparatoires commencé dans le précédent chapitre, nous passerons maintenant à la disposition des objets que l'on peut fabriquer avec le carton-carte à l'aide des outils dont nous avons dit quelques mots : le tranchet, les ciseaux et la gomme arabique.

Construction de solides géométriques

Le plus simple est le *cube*, solide formé de six carrés égaux. Pour le préparer, on commence par tracer, en s'aidant d'une règle et d'un décimètre, trois lignes parallèles de 8 ou 10 centimètres l'une de l'autre, puis cinq lignes verticales, perpendiculaires aux premières et ayant le même écartement entre elles. On obtient une figure en forme de croix, composée de six carrés, dont quatre se trouvent à la suite les uns des autres (fig. 33). Ce contour est découpé avec les ciseaux et l'on plie le carton suivant les li-

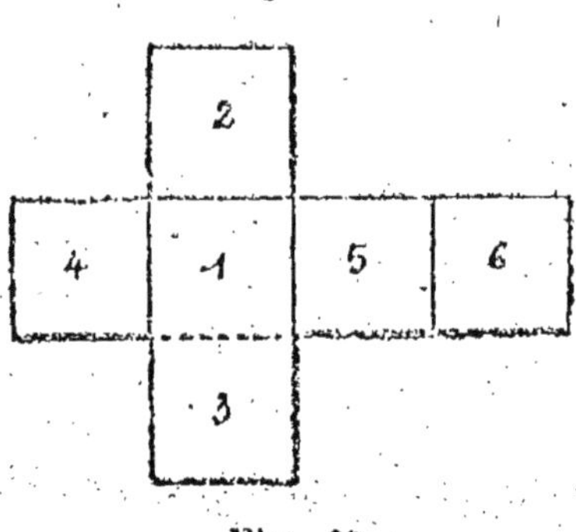

Fig. 33

gnes *ad*, *bc*, *cf*, de manière à délimiter les six carrés. Laissant la face 1 appliquée sur la table, on relève verticalement les faces 5, 2, 4, 3, dans cet ordre, et on les réunit les unes aux autres par des bandelettes de papier collées, réunissant les arêtes contiguës. La face 6 adhérente au carré 5, sert à fermer le cube et se rabat ensuite horizontalement ; elle est ensuite réunie à tous les côtés du solide de la même manière qui a été expliquée, avec des bandelettes gommées. Cela fait, le cube est achevé et offre l'aspect représenté en perspective par la fig. 34.

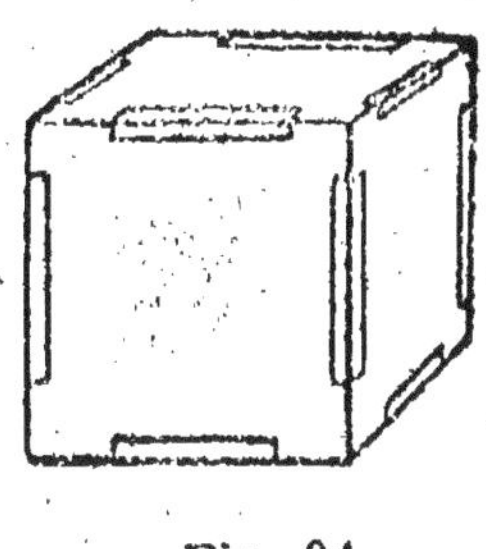

Fig. 34

Pyramides. — Par un procédé analogue, on peut construire toutes sortes de solides géométriques. Pour une pyramide triangu-

Fig. 35

laire, on dessinera un triangle équilatéral (dont les trois côtés sont égaux, et sur chacun de ces côtés, on dessinera trois autres côtés soit équilatéraux eux-mêmes, soit isocèles (fig. 35 et 36). On découpe le contour *fadceb*, on fait trois plis *ab*, *ac*, *bc*, et on redresse verticalement les trois côtés 1, 2, 3, de manière à faire coïncider les sommets des trois triangles que l'on réunit par des bandelettes gommées.

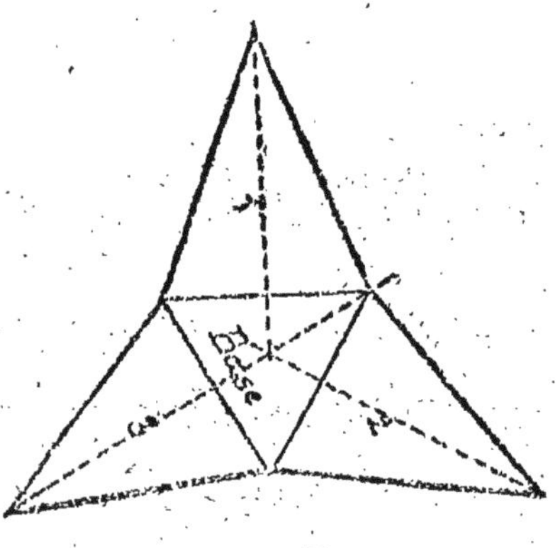

Fig. 36

Une pyramide quadrangulaire a une base formée par un carré, sur chaque côté duquel on dresse un triangle équilatéral ou isocèle. Une pyramide à cinq côtés a une base pentagonale avec cinq triangles identiques formant les côtés ; une pyramide à six côtés a pour base un hexagone régulier (fig. 37). On peut faire autant de côtés triangulaires qu'on le désire, la base étant un polygone comptant le même nombre de côtés égaux. Le découpage et l'assemblage s'exécutent comme plus haut.

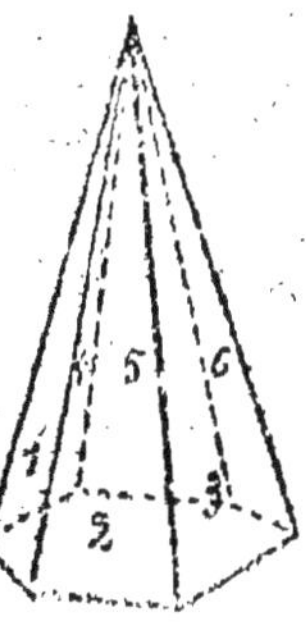

Fig. 37

Prismes. — Un prisme est un solide qui se différencie de la pyramide en ce qu'il ne présente pas de sommet, mais deux faces identiques et parallèles pouvant jouer indifféremment le rôle de base. Il peut comporter un nombre quelconque de côtés semblables et d'une hauteur limitée à volonté. Pour exécuter un prisme triangulaire, on trace trois rectangles de même largeur, 1, 2, 3 (fig. 38), et sur celui du milieu, on trace un triangle équilatéral, c'est-à-dire dont les deux côtés allant au sommet ont la même longueur que la largeur du triangle du milieu. On forme

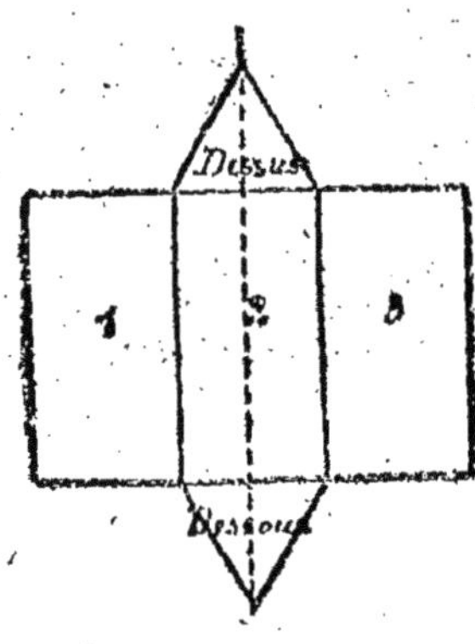

Fig. 38

les deux plis *ac* et *bd* indiqués par les lignes en pointillé, puis les plis *ab* et *cd*, et on

Fig. 39

amène l'arête *ih* le long de celle de *je*; on les réunit par des bandelettes collées, puis on rabat les deux faces du dessus et du dessous EF pour fermer le solide, qui, finalement, présente cinq faces : trois rectangles et deux triangles (fig. 39.)

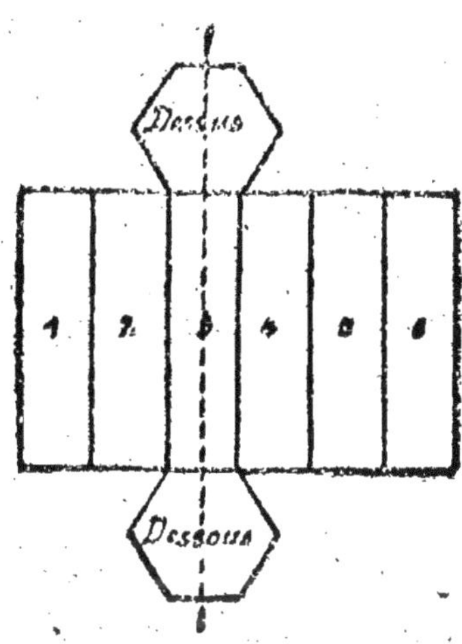

Fig. 40

Toujours de même qu'une pyramide, un prisme peut comporter un nombre indéfini de côtés. Pour obtenir un prisme hexagonal, par exemple, on trace d'abord six rectangles égaux, et sur les deux côtés de l'un d'eux, on dessine un hexagone régulier, comme dans la fig. 40. On fait les cinq plis indiqués en lignes pointillées, puis on ramène et on colle l'arête AD à l'arête BC. Cela fait, on rabat les deux hexagones comme des couvercles, de manière que chacun de leurs côtés corresponde exactement à l'un des côtés des rectangles, et on les fixe à leur place. Au lieu de six côtés, on peut en mettre huit ou douze, *ad libitum* ; les bases de ces prismes seront alors des octogones ou des dodécagones réguliers.

Boîtes rectangulaires ou carrées, avec couvercle emboîté. — Partant de ces mêmes principes, on peut établir des solides à nombre de faces variables carrées ou rectangu-

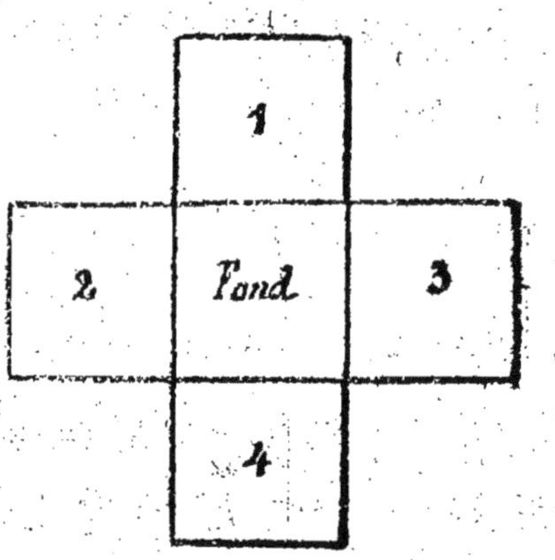

Fig. 41

laires, c'est-à-dire de véritables boîtes que l'on peut faire en deux pièces dont l'une constituera le couvercle. Pour exécuter ces objets, on procède comme suit : Pour une boîte cubique, on trace une croix formant quatre carrés réguliers, celui du centre devant composer une croix formant quatre carrés réguliers, celui du centre devant composer le fond. On relève les quatre côtés ABCD (fig. 41) et on les réunit par des ban-

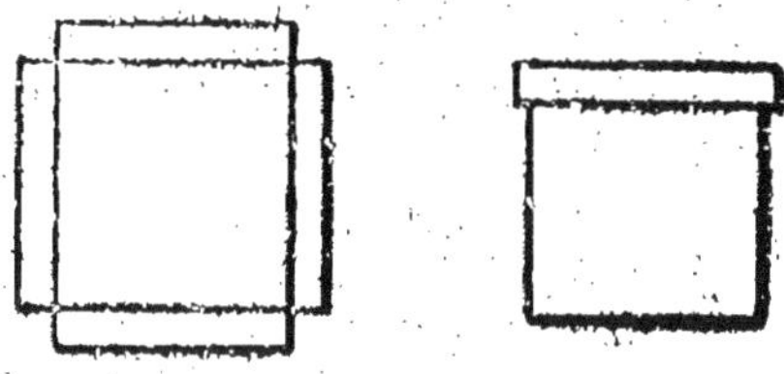

Fig. 42

delettes de papier collées à la gomme arabique. Pour le couvercle, on trace un carré de la même grandeur que le carré du fond, et on ajoute, à chaque côté de ce carré, un rectangle de 1 ou 2 centimètres de large (fig. 42). On relève verticalement ces quatre côtés que l'on réunit par une bande de papier collée tout autour, et l'on a un couvercle pour la boîte.

Si cette boîte doit être rectangulaire et non pas carrée, on trace sur le carton le contour que l'on veut lui donner au fond, en ajoutant, à droite et à gauche, deux côtés, de la hauteur que devra avoir la boîte, et de même en dessus et en dessous de ce fond. On pré-

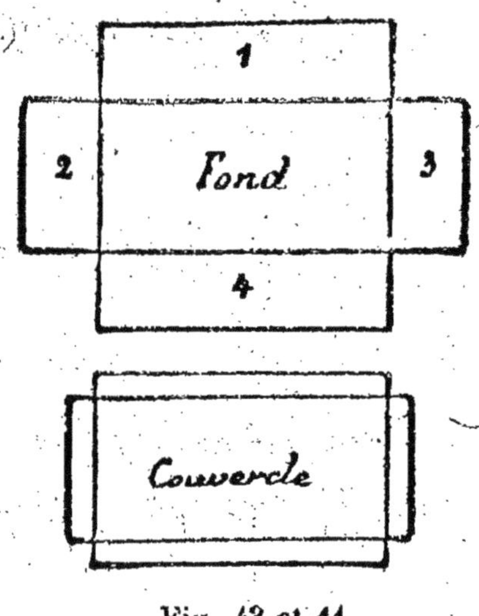

Fig. 43 et 44

pare de la même manière le couvercle, comme l'indiquent les fig. 43 et 44 ; les quatre côtés, adhérant à ce qui doit constituer le fond ou le dessus de la boîte, sont redressés verticalement et collés, et l'on a les deux pièces formant la boîte.

Avec une légère variante, au lieu d'une boîte, on peut représenter une petite maison. On trace d'abord un rectangle *abcd* (fig. 45), puis, sur les faces *ab* et *cd*, on dresse deux autres rectangles plus larges que le premier,

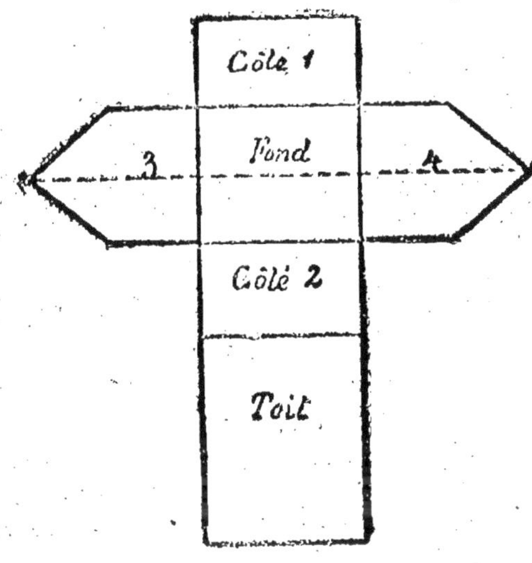

Fig. 45

et sur les faces *ac* et *bd*, dans le prolongement des côtés longs, deux parties FF, dont la longueur *be* est égale à celle des côtés *bm* et *bm'*. Ces parties FF sont complétées par des triangles dont le côté *er* a une longueur quelconque. Sur le côté *vm*, on ajoute deux rectangles, dont la largeur est égale au côté *er*. On fait ensuite les plis *ui*, *vm*, *ab*, *cd*, *ac* et *bd* et on les redresse verticalement à droite et à gauche du rectangle A. On obtient alors la forme représentée fig. 46. Les côtés une fois collés, on rabat les deux rectangles sur les parties triangulaires pour former le toit de la maisonnette, On

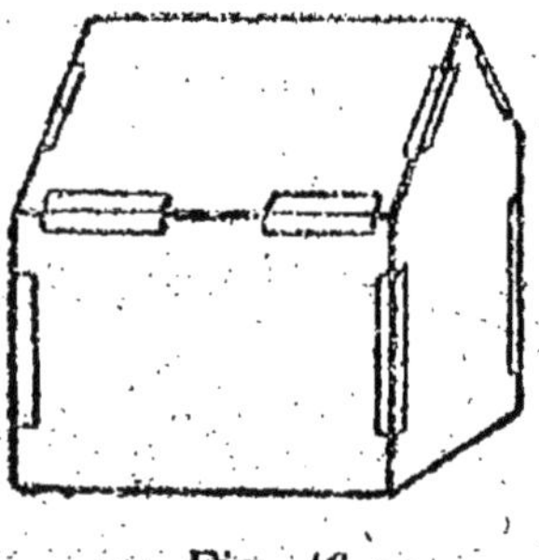

Fig. 46

peut dessiner ou découper des portes et des fenêtres, peindre la toiture, enfin ajouter si l'on veut une cheminée, un auvent, des volets, tous les accessoires enfin qui pourront être suggérés par l'imagination (fig. 46).

Polyèdres. — Tous les solides géométriques peuvent être reproduits par la méthode qui vient d'être exposée et dont nous avons donné l'exemple de plusieurs applications, notamment pour la fabrication des pyramides triangulaires ou *tétraèdres* et des boîtes cubiques. En associant ensemble par leurs bases deux tétraèdres, on a un solide de forme nouvelle, dit *rhomboèdre*. Deux pyrami-

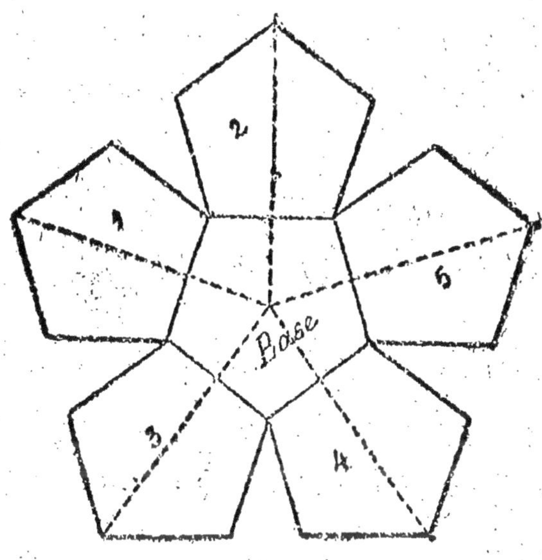

Fig. 47

des quadrangulaires réunies de la même façon donnent un octaèdre. Un cube est un hexaèdre régulier. Il existe cinq sortes de solides réguliers, trois sont composés de triangles équilatéraux, le tétraèdre, l'octaèdre et l'icosaèdre, un présente des faces carrées : l'hexaèdre, et un dont les faces sont des pentagones : le dodécaèdre. Pour construire ce dernier, on trace sur le papier un pentagone régulier (figure à cinq côtés), et sur chacun de ces côtés comme base on établit un pentagone de même grandeur. Le dessin donne donc six pentagones réunis

Fig. 48

par les côtés de la base, que l'on plie afin de redresser les cinq pentagones adhérents. On découpe deux fois cette même disposition et on emboîte les deux pièces l'une dans l'autre en juxtaposant et collant à mesure les arrêts. On obtient en définitive un solide composé de douze faces ayant chacune cinq côtés (fig. 47 et 48).

Cylindre et cône. — Rien n'est plus facile que de construire ces solides. Pour le premier, on commence par déterminer son diamètre et l'on trace deux circonférences présentant ce diamètre. Pour le développement du cylindre, on multiplie ce diamètre par le

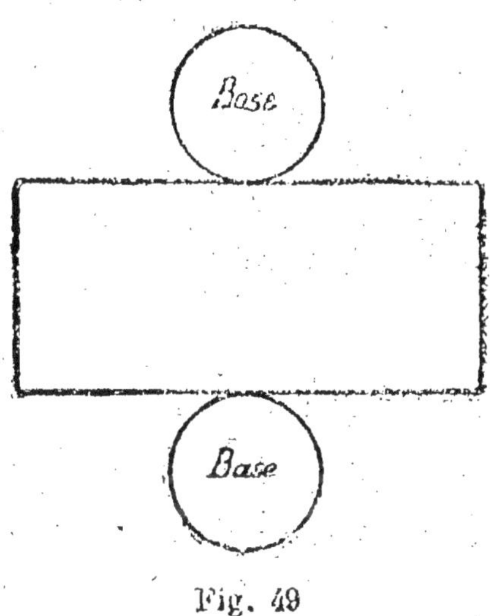

Fig. 49

rapport 3,14. Ce diamètre ayant, par exemple 8 centimètres, on multiplie 0,08 par 3,14; le résultat donne le développement cherché. On trace donc un rectangle mesurant 0 m. 25 de côté sur, par exemple, 0 m. 15, si l'on veut donner 15 centimètres de hauteur au cylindre. On roule ce rectangle sur lui-même, de manière à ramener ses bords en contact et on les réunit par une bande collée. Les deux cercles de carton découpés à part viennent fermer ensuite les deux ouvertures de cet espèce de tuyau sur lesquelles ils doivent exactement s'emboîter, et on les colle comme d'habitude (fig. 49.)

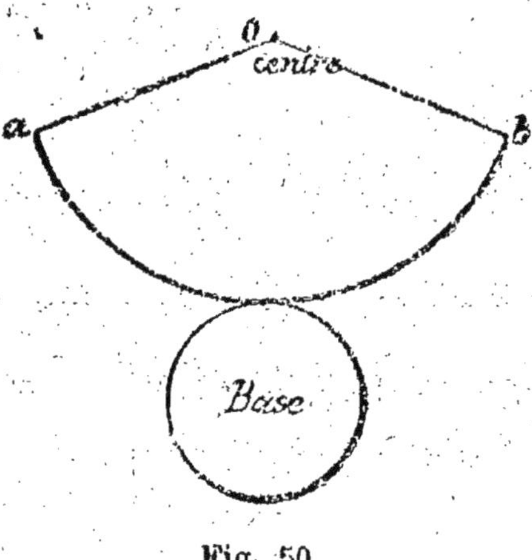

Fig. 50

Un cône se trace au compas ; on décrit une circonférence et, suivant que l'on veut que le cône soit plus ou moins pointu, on retranche un secteur plus ou moins étendu de cette circonférence (fig. 50). On roule ensuite en cornet ce qui reste de manière à ramener les deux côtés en contact et les coller avec des bandes de papier. On pose le cône debout sur un morceau de carton, on suit le contour de sa base avec un crayon et on découpe suivant le cercle obtenu. Ce cercle est collé à l'ouverture du cône et constitue la base de ce solide.

Construction d'objets en carton-carte

On n'a que l'embarras du choix entre tous les objets que l'on peut fabriquer par l'extension des principes qui ont été exposés au cours de ce chapitre. Nous allons en donner quelques exemples:

Lanterne. — On prend un rectangle dont la longueur égale le double de la largeur et on pratique dans le milieu une ouverture presque carrée. On roule ce rectangle sur lui-même pour en faire un cylindre dont on colle les bords, puis on le coiffe d'un cône fabriqué suivant la méthode décrite plus haut. Un cercle de carton formera le fond de cette lanterne que l'on pourra compléter par une anse faite d'une bande de carton repliée à ses deux extrémités que l'on colle du côté opposé à l'ouverture. Sans anse, cette construction peut aussi bien représenter une

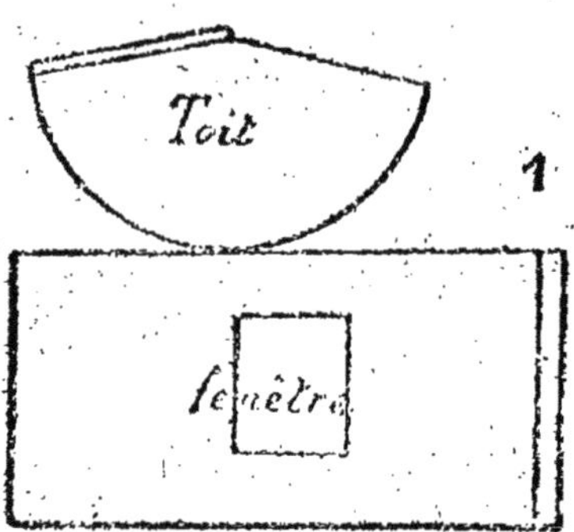

Fig. 51. — Lanterne

guérite ou tout autre édicule que l'on peut compléter par des accessoires collés.

Abat-jour. — On trace sur une feuille de carton-carte une circonférence dont le rayon aura la longueur que l'on veut donner à l'objet et on en retranche un secteur d'autant plus étendu que l'on veut que l'abat-jour soit plus cônique. Ordinairement, on adopte un contour analogue à celui de notre fig. 52.

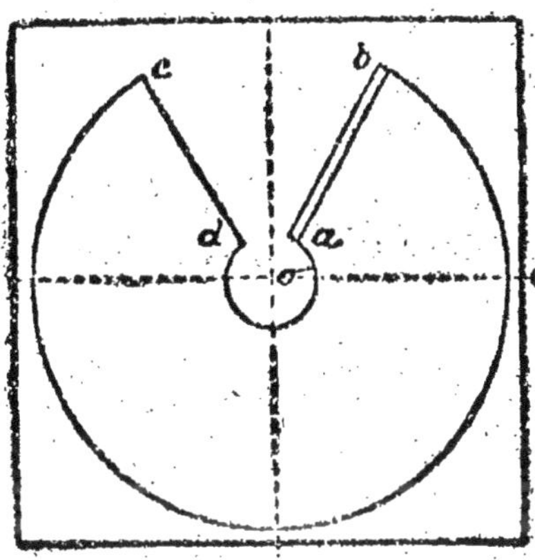

Fig. 52. — Abat jour

Avec le même centre, on décrit une deuxième circonférence destinée à ménager le passage du verre de lampe et on découpe la feuille suivant le contour ainsi obtenu. On rapproche ensuite l'un de l'autre les deux bords du secteur retranché et on les relie soit en les collant, soit, ce qui vaut mieux, avec des agrafes en laiton dont on traverse les deux épaisseurs de carton et dont on rabat ensuite les deux extrémités, en sens inverse l'une de l'autre, à l'intérieur de l'abat-jour.

Il ne reste plus qu'à fixer une monture à griffes au petit orifice du haut, que l'on agrandit au besoin avec des ciseaux, ou à poser l'objet sur un support quelconque entourant le verre de lampe. Bien entendu, rien n'empêche, avant de procéder au montage, d'enjoliver l'abat-jour de floritures et d'agréments de toute espèce. On peut notamment pratiquer des découpures régulières dans le carton, découpures que l'on bouche ensuite par du papier transparent ou de couleur. Il existe d'ailleurs dans le commerce des modèles d'abat-jour de fantaisie que l'amateur peut décorer suivant son goût, de manière à réaliser un modèle gracieux et original.

Jeux de patience et poncifs. — C'est encore là un genre de petits travaux d'amateurs des plus faciles à exécuter et qui se prête à toutes sortes de combinaisons. On peut, par exemple, coller une carte de France par départements ou toute autre image, sur une feuille de carton de 3 millimètres d'épaisseur que l'on découpe au tranchet, en suivant tous les contours des départements ou des personnages représentés. On mêle tous les morceaux découpés et il s'agit de reconstituer ensuite le dessin primitif.

La fabrication des *poncifs* n'exige que de la carte ordinaire. C'est un travail de découpage qui consiste à pratiquer dans le carton

Fig. 53. — Poncif (lettres)

des ouvertures suivant un dessin déterminé. Les *poncifs* ou *pochoirs* permettent de reproduire, autant de fois qu'on le désire, des dessins même assez compliqués.

Il suffit pour cela d'appliquer le poncif découpé sur le papier ou la surface sur laquelle on veut reproduire le motif et de passer dessus un tampon ou un pinceau imbibé d'encre ou de couleur. Le liquide passe à travers les vides du poncif et reproduit le dessin découpé. Ce procédé est employé par les emballeurs pour imprimer des mots sur les caisses destinées à être transportées par le chemin de fer. On l'utilise également pour décorer rapidement certaines faïences communes ainsi que pour étaler sur les vitraux les pâtes colorées qui, à la cuisson, doivent former des émaux. Les peintres en bâtiment se servent également de pochoirs pour décorer les murs intérieurs des habitations ; on obtient ainsi, sur de simples murailles blanchies à la chaux une décoration ressemblant à celle que donne le papier peint.

Les peintres sur faïence, porcelaine ou verre qui recourent à ce procédé combinent généralement leurs dessins de façon que la partie réservée constitue le motif, tandis que la partie enlevée forme un fond sur lequel on étend la couleur. On a ainsi des dessins blancs sur fonds noirs ou de couleur.

De toute façon, quand on compose un poncif, il faut observer certaines particularités dans l'exécution du dessin. Celui-ci doit être combiné de telle sorte que, quand on vient à le découper, toutes les parties réservées demeurent bien adhérentes les unes aux autres. Supposons, par exemple, que l'on ait la lettre B ou la lettre M à découper, la partie de la lettre se trouvant au sommet, entre les deux boucles du B ou les branches de l'M tomberaient si l'on se bornait à découper le carton sur tout le contour des lettres, et on n'aurait plus qu'un trou. On remédie à cet inconvénient en réservant des parties plei-

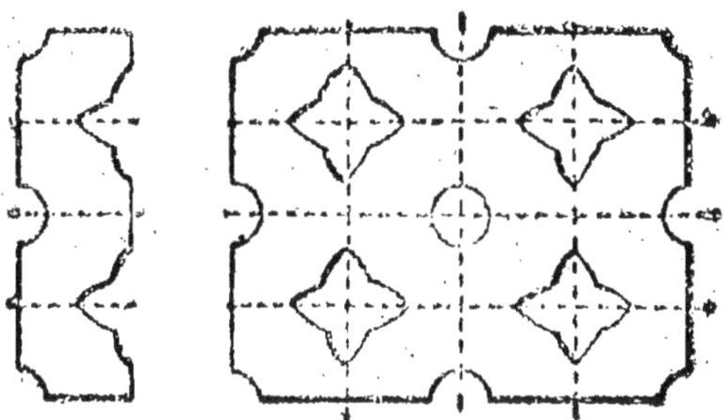

Fig. 54. — Poncif (ornements ajourés)

nes laissant des blancs dans les jambages des lettres, sans en altérer assez la forme pour qu'on ne puisse pas les reconnaître. On complète ces vides au pinceau après que le poncif a été retiré (fig. 53.)

On peut préparer des dessins de toute espèce par le procédé des poncifs, et les figures qui suivent en donnent quelques échantillons que l'on peut modifier à son gré. Pour avoir des *étoiles*, par exemple, on prend un rectangle de carton. On le plie en deux suivant *ab* (fig. 54), puis encore en deux, suivant *cd* et *ef*. On retourne dans l'autre sens et on en fait le pli *gh*, le long duquel on découpe deux demi-circonférences et deux quarts de cercle, que l'on répète sur le bord du carton. On replie encore en deux, et, en quatre coups de ciseaux, on découpe une de-

Fig. 55. — Fleur de lis

mi-étoile, puis on recommence sur le dernier pli. En ouvrant ensuite le carton on obtient le tracé de la fig. 54, reproduisant des étoiles à quatre branches et des cercles.

Toujours en agissant d'après les mêmes principes, on peut découper des losanges, des cœurs, des trèfles, des dessins d'ornement, des fleurs de lis, (fig. 55) et toutes sortes d'autres objets présentant les formes les plus diverses. Pour une fleur de lis, on plie le carton exactement en deux suivant la ligne *ab*, et sur un côté de cette ligne servant d'axe, on trace avec un crayon noir bien tendre le profil de la fleur. On referme le carton et, en frottant avec l'ongle sur le dos de la feuille, le tracé se décalque de l'autre côté donnant le contour complet du dessin, que l'on n'a plus ensuite qu'à découper avec les ciseaux.

Il est possible d'imaginer toutes sortes de variantes de ce travail.

Cartes géographiques avec courbes de nivellement. — On sait que, dans nombre de cartes géographiques à grande échelle, telles que les cartes de l'Etat-Major et du Touring-Club, les différentes hauteurs du terrain au-dessus du niveau de la mer sont représentées par des courbes successives et équidistantes, séparées les unes des autres par des hachures.

Un travail qui rentre encore dans la catégorie de ceux étudiés au cours de ce chapitre consiste à établir une carte en relief montrant les différentes irrégularités du sol représenté par la carte.

Les différents points du terrain situés à 10 mètres au-dessus du fond de la vallée sont réunis par une ligne qui fournit une première courbe de niveau ; on fait de même pour tous les points situés à 20, 30, 40, 50 mètres de ce fond, et ainsi de suite jusqu'au point le plus élevé. On obtient ainsi une sé-

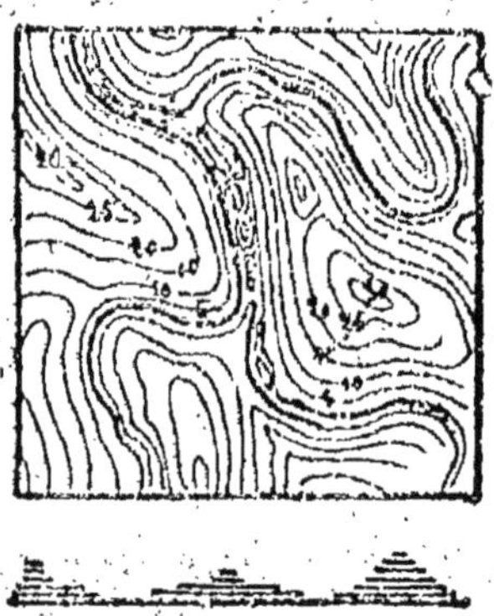

Fig. 56 et 57. — Carte en relief
Coupe montrant les épaisseurs superposées de carton.

rie de courbes que l'on reporte sur du carton que l'on découpe ensuite et que l'on colle sur la carte en superposant les courbes échelonnées de 10 mètres en 10 mètres. On inscrit en chiffres les hauteurs auxquelles correspondent ces courbes et on obtient en définitive une carte en relief, telle que nos fig. 56 et 57 en représentent un spécimen, la fig. 56 montrant le tracé d'une rivière avec ses affluents, coulant au fond de vallées bordées par des collines d'élévation variable, et la fig. 57 donne l'aspect en coupe des cartons superposés.

Autres travaux en carton mince. — On peut encore imaginer un grand nombre d'autres petits objets que l'on peut reproduire au moyen du carton-carte et l'amateur peut donner libre carrière à son imagination pour composer des cartonnages de toute espèce, en s'inspirant des indications données au cours de ce chapitre. C'est ainsi que l'on peut, à la condition de savoir dessiner, établir des constructions de toute espèce, que l'on trace soi-même sur le papier. Cette condition n'est pas toutefois indispensable, car on trouve dans le commerce des feuilles imprimées représentant toute sorte d'objets qu'il suffit de découper et de coller. Les imageries d'Epinal ont composé un stock considérable d'images de ce genre, théâtres, ménageries, etc. et beaucoup de modèles à mouvements mécaniques, ayant pour moteur une petite roue à augets sur lesquels tombe un jet de sable fin provenant d'un récipient placé au-dessus de la roue. Grâce à cette addition, il est possible de communiquer le mouvement à des personnages mobiles ou à des machines, l'effort de rotation de la roue étant transmis au modèle par un fil de fer ou par une petite ficelle jouant le rôle de courroie de transmission.

CHAPITRE III

LES ENCADREMENTS

A la suite des cartonnages, on peut placer, pour suivre un ordre méthodique, le travail consistant à encadrer les gravures, photographies ou dessins que l'on veut conserver pour orner son appartement On pourra objecter que les bazars tiennent la vente de ces articles et qu'on peut y trouver à bon marché des cadres de toutes grandeurs, depuis les plus frustes jusqu'aux plus ornés, mais nous répondrons encore une fois qu'en fabriquant soi-même ce genre d'objets, on aura la satisfaction de posséder chez soi des choses originales et personnelles, tandis que ce qui est acheté au bazar ne présente aucun caractère et n'est pas toujours solide, le fini du travail étant fréquemment sacrifié à la question de bon marché.

Quoi qu'il en soit, l'encadrement est un genre de travail qui n'exige pas de grands frais d'outillage et de matériel : il suffit d'avoir du goût et du soin pour réussir. En agissant de la façon qui va être expliquée, on fera l'économie de la main d'œuvre payée à l'ouvrier encadreur, et si l'on a procédé avec attention, le résultat sera tout à fait équivalant.

Le premier point à observer pour l'exécution de cette opération réside dans la rectitude des angles que doivent faire entre eux les côtés des cartons. Il est donc nécessaire de se procurer, pour tracer ces angles, une planche à dessin, épaisse et bien plane, puis un té de dessinateur et une équerre bien juste. Ces trois instruments ne servent que pour le tracé au crayon des lignes délimitant les contours de la feuille.

Pour couper ensuite le carton, il faudra le poser sur une feuille de verre double ou, à défaut de verre, sur une plaque de zinc, mais celle-ci présente l'inconvénient de se rayer aisément.

Pour trancher les cartons, il ne faut pas

se servir d'un couteau ou d'un canif, quel que bien affûtée qu'en soit la lame ; il pourrait se faire, en effet, que cette lame vînt à se fermer accidentellement pendant que l'on coupe, ce qui pourrait entraîner une coupure ou endommager le carton. Il est préférable de faire usage d'un tranchet ou pointe

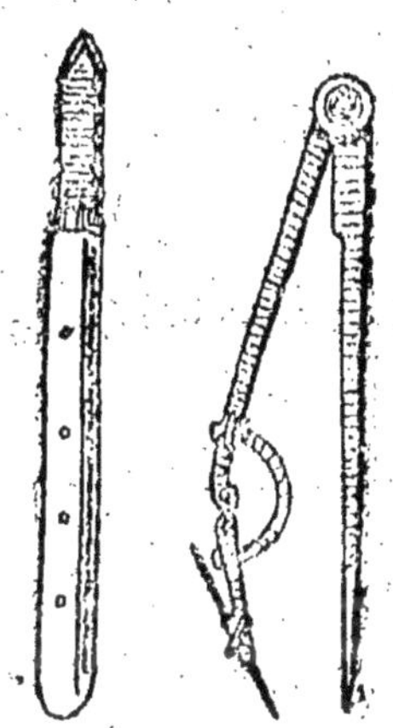

Fig. 58 et 59. — Pointe. — Compas d'encadreur

d'encadreur (fig. 58), lame à deux biseaux solidement encastrée à l'intérieur d'un manche de bois. On a d'ailleurs plus de force ; la coupe peut être effectuée avec beaucoup plus de précision et moins de fatigue et l'on peut entailler ainsi des feuilles de plusieurs millimètres d'épaisseur.

Lorsqu'on veut exécuter des *passe-partout* ronds, demi-circulaires ou ovales, il est bon de se munir d'un compas spécial (fig. 50), dont l'une des pointes est articulée par un secteur réglable en forme de quart de cercle, et pourvue d'une coulisse assez plate, munie d'une vis de serrage, dans laquelle on glisse une lame à biseau identique à celle encastrée dans le tranchet à main. Un autre compas ordinaire, à pointes sèches, peut être également d'une grande utilité. Il faut se procurer encore un *plioir* en bois ou en os pour exécuter correctement les plis. Quant aux cartons, la qualité la plus employée et la plus recommandable est le bristol blanc et de couleur.

Le verre employé doit être de bonne qualité et sans *bouillons*. Il faut le couper bien d'équerre avec un diamant de vitrier, en suivant l'arête d'une règle en bois ou d'une équerre en fer, et en observant la dimension du carton.

Passe-partout

On donne le nom de passe-partout à un genre particulier d'encadrement sous verre. Les dessins, gravures ou photographies qui doivent être préservées de l'action de la poussière ou de l'humidité, sont garantis en les fixant sur un carton que l'on recouvre ensuite d'une feuille de verre maintenue en place par une bande de papier collée sur les bords de ce verre et repliée sous le carton.

Le sujet peut être recouvert lui-même d'un carton ou d'une carte dans le milieu de laquelle on a pratiqué un vide ayant pour effet de constituer un point d'optique ou de perspective. Ces deux sortes d'encadrements sont connus sous l'appellation générale de *sous-verre* ou *passe-partout,* cette dernière dénomination étant plutôt inexacte toutefois, le véritable passe-partout étant composé par une disposition spéciale du carton de fond, qui permet, au moyen d'une ouverture à charnière, de changer à volonté les sujets contenus dans le vide du carton.

Une règle essentielle et à laquelle il faut toujours se conformer, est la suivante : les marges du dessin ou de la photographie à encadrer doivent présenter la même largeur en haut que sur les côtés et environ un tiers de plus dans le bas, surtout si l'image, ainsi que cela a lieu le plus généralement, doit être placée à une hauteur supérieure à celle de l'œil. L'effet de perspective diminue la marge du bas par rapport à celle des côtés, et le sujet ne paraîtrait plus au milieu du cadre si les marges avaient toutes une largeur égale, et l'effet serait encore plus mauvais si l'estampe portait à sa partie inférieure, ainsi que cela a lieu le plus souvent, une mention quelconque : titre, légende, nom d'auteur, etc.

Il est donc nécessaire que la gravure que l'on veut mettre sous un verre possède une marge suffisante pour répondre aux conditions qui viennent d'être énoncées et que cette marge soit, de plus, suffisamment propre. On commence alors par *dresser* la feuille, c'est-à-dire qu'on l'ébarbe en coupant ses bords avec les ciseaux ou avec le tranchet, de manière à lui donner la grandeur exacte que devra avoir le sous-verre. Pour être plus sûr de la réussite et avoir des lignes rigoureusement droites et se coupant bien perpendiculairement, on doit tracer au préalable les lignes de coupe au crayon, en prenant pour guide le trait limitant la gravure proprement dite. Si c'est d'une photographie qu'il s'agit, il est bon de vérifier si le carton sur laquelle elle se trouve collée a été coupé bien d'équerre. Il arrive, en effet, assez souvent, que les photographes se fiant entièrement à la justesse de leur coup d'œil, ébarbent leurs épreuves et les collent sans prendre des mesures bien exactes. Dans ce cas, une erreur peu sensible sur la petite dimension de l'épreuve le deviendrait en se multipliant par le grandissement nécessité pour les marges.

Lorsque le sujet est ainsi dressé, on en reporte exactement la grandeur sur une feuille de carton, soit au moyen d'un compas ou d'un mètre, soit en l'appliquant sur le carton et en en traçant le contour.

On prend ensuite une feuille de papier un peu fort, et plus grande de 6 à 7 centimètres sur chacun des côtés que la dimension totale du sous-verre ; cette feuille de papier destinée à la bordure doit être généralement d'un ton gris un peu sourd et s'harmonisant avec la marge du sujet encadré ; on la met bien à plat sur un carton et on l'enduit en plein de colle de pâte ; puis on pose le verre à peu près au milieu, après avoir eu soin de nettoyer le côté opposé, c'est-à-dire celui qui doit être en contact direct avec la gravure ; on place ensuite la gravure, et enfin le carton, en ajustant le tout ensemble sur les bords de façon à ce que l'un ne dépasse pas l'autre ; on coupe alors les angles de la feuille de papier à une distance d'un demi-centimètre à peu près du coin, et on rabat immédiatement les marges sur le carton en les tirant un peu fortement à soi et en en fermant les coins.

On retourne alors le sous-verre, et avec le plioir on unit le papier sur le verre, particulièrement sur les bords ; on trace ensuite tout autour, et au moyen d'un petit compas à crayon que l'on fait glisser en lui conservant partout la même ouverture, la largeur que l'on veut donner à la bordure, largeur qui ne doit pas dépasser 5 ou 6 millimètres, et on coupe sur la tige tracée en se servant d'une pointe bien tranchante et d'une règle flexible en fer ; on enlève le panier qui masque la gravure et on essuie après l'avoir imbibée avec une petite éponge humide, la colle qui est restée sur le verre.

Il ne reste plus alors qu'à fixer par derrière l'anneau qui doit servir à la suspension ; cet anneau en cuivre est passé dans un ruban de fil solide, large d'un peu plus d'un centimètre, un peu long et replié sur lui-même en s'écartant à la base ; on colle le ruban en plein, et pour lui donner plus de solidité, on le recouvre, à la partie supérieure, d'un petit carré de papier fort. Il faut veiller à ce que l'anneau dépasse un peu le bord du carton, de manière à laisser la place nécessaire au clou. Enfin, et pour plus de propreté, on colle par derrière, sur le tout, une feuille de papier de couleur, — du papier bleu ordinaire est très suffisant — qui recouvre toute la surface du carton jusqu'à un centimètre du bord.

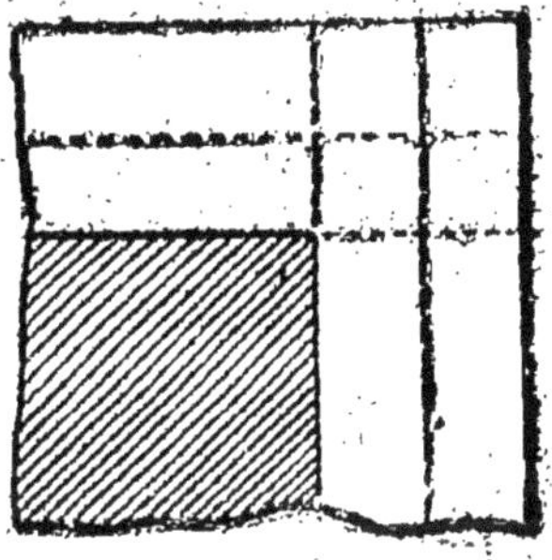

Fig. 60. — Encadrement

Il peut arriver que l'image à encadrer n'ait pas de marges, que le papier en est fripé et même un peu cassé, ou bien au contraire il est trop mou et a besoin d'être tendu. Dans les deux cas, il suffira de le fixer en le collant par les bords sur le carton de fond. Il ne faut jamais le coller complètement pour ne pas risquer d'aller à l'encontre du but que l'on se propose, car il n'est pas rare que le carton de fond, sous l'influence de l'humidité occasionnée par la colle, et par suite du tirage opéré en se séchant, sur les marges repliées des bordures, ne se gondole, c'est-à-dire ne tombe pas extérieurement en se creusant sous le verre à l'intérieur ; il en résulterait que la gravure collée en plein sur ce carton en suivrait le mouvement, et produirait, ainsi encadrée, un effet désagréable ; en outre, les rugosités du carton transparaîtraient sur le papier.

Il est donc préférable de tendre la gravure en la collant seulement sur les bords ; pour cela, on commence, après l'avoir ébarbée et dressée, à la grandeur que l'on veut donner au sous-verre, par la retourner sur un papier très propre ; on la mouille légèrement en plein avec une éponge humide ; puis on met de la colle un peu épaisse sur les bords, afin d'avoir une plus grande régularité et plus de propreté, on se sert d'une bande assez large de papier fort qui couvre la gravure ainsi retournée, en laissant dépasser seulement la partie qui doit recevoir la colle ; on reprend avec précaution la gravure et on l'applique immédiatement sur le carton préalablement coupé de la même grandeur, et on frotte les bords avec un plioir ; en séchant, elle se tend d'une façon bien plane, même si le carton se gondole ; et si l'opération a été bien faite, ce qui, du reste, n'est pas difficile, les faux plis et les cassures disparaissent.

Dans le cas où la gravure aurait des marges plus grandes que celles que l'on veut donner à l'encadrement, il vaut mieux ne pas les couper ; on les rabattra en les collant sur la face postérieure du carton, après avoir eu soin, au moyen de mesures prises exactement, d'indiquer par des points les endroits où les angles du carton doivent être ajustés, afin que le tout soit collé bien droit. Là encore, la gravure doit être mouillée en plein afin de pouvoir se tendre en séchant; on n'encolle les marges qu'après avoir posé le carton sur la gravure, dont on coupe les angles ainsi que cela a été expliqué plus haut à propos des bordures.

Souvent le papier de la gravure n'a pas été encollé ; dans ce cas, la colle que l'on pose sur les bords est vite absorbée, autant par le papier que par le carton ; elle se sèche immédiatement et ne prend pas ; on remédiera à cet inconvénient en passant coup sur coup, et à quelques minutes de distance, sur les bords de la gravure plusieurs couches de colle ; c'est seulement quand on l'a ainsi bien imbibée qu'on la pose sur le carton auquel on a fait subir un encollage analogue.

Mais si le sujet à encadrer, gravure, dessin ou photographie, n'a pas de marges, il faut le coller — après l'avoir préalablement dressé, avec un T ou une équerre, — sur une feuille de papier tendue elle-même sur le carton de fond. Il est donc nécessaire, avant d'aller plus loin, de tailler ce dernier à la grandeur voulue, c'est-à-dire celle que devra avoir l'encadrement. Pour déterminer exactement cette grandeur, on procède comme suit : Sur une feuille de papier ou de carton dont les côtés sont bien d'équerre, on trace dans chaque angle la grandeur exacte que doit avoir le dessin, puis, après avoir calculé d'après les principes énoncés plus haut les dimensions qu'il convient de donner aux marges, on reporte ces dimensions deux fois pour chacune des marges de côté et une fois seulement pour la marge du haut. On l'augmente ensuite d'un tiers pour la marge du bas, et on trace une ligne au-dessus de la marge supérieure. Le point de réunion des lignes donne la grandeur exacte que doit avoir le carton.

Lorsqu'on a coupé le carton, on tend dessus une feuille de papier un peu fort de la même façon que cela a été indiqué pour les gravures ayant des marges trop grandes, c'est-à-dire en mouillant la feuille et rabattant l'excédent sur l'autre côté du carton. Cette feuille, une fois bien séchée et tendue, on reporte à l'aide d'un compas et on trace légèrement au crayon la largeur des marges sur chacun des côtés. On obtient ainsi le contour exact de l'emplacement qui devra être occupé par l'image. Suivant la nature et l'état de celle-ci, on pourra, soit la coller sur toute sa surface, soit la tendre en l'humectant légèrement et en ne mettant de la colle que sur les bords ou aux quatre angles. Cette dernière manière de procéder s'emploie surtout lorsque le collage doit être opéré sur une carte un peu épaisse ou sur un papier fort et bien uni. Si la feuille sur laquelle on a collé le dessin ou la gravure est bien tendue, si on a eu soin de la conserver bien propre, ce qui n'est pas difficile avec un peu d'attention, il est inutile de faire un passe-partout ; on coupe parfaitement d'équerre le sujet à encadrer, et, après l'avoir collé à l'endroit exact qu'il doit occuper, on trace autour, sur le papier du fond, des filets qui doivent servir à l'accompagner, et qui, en rompant la nudité des marges, le mettent pour ainsi dire en perspective. C'est dans cette opération surtout que le goût de l'encadreur se fait remarquer et que son talent, ses soins et son habileté peuvent se donner carrière.

Ce qu'il faut avant tout, c'est choisir le papier de fond, celui sur lequel le dessin doit être collé, de façon à ce qu'il soit bien en harmonie avec le ton du sujet, tout en étant en opposition avec lui comme valeur. Les dessins anciens, sur papier un peu jauni, les gravures et les eaux-fortes peu colorées, se détachent parfaitement sur du papier gris légèrement bleuté ; par contre, les sujets très montés de ton, un peu chargés et un peu noirs, s'allient avec un fond gris clair ou gris chamois. Il faut éviter autant que possible les fonds entièrement blancs, et prendre toujours un papier un peu teinté et surtout bien encollé, afin de pouvoir tracer sur la marge, autour du sujet, des filets entre lesquels on passe souvent des teintes plates.

Le dessin une fois collé à sa place, exactement déterminée sur le fond, au moyen de la petite opération indiquée, qu'il est bien sec et bien tendu, on trace autour des filets que l'on dispose suivant la grandeur et la nature du sujet, la grandeur des marges, et surtout suivant le plus ou moins de goût que la nature a départi à l'encadreur.

Les filets doivent être faits au moyen du tire-ligne avec l'encre de Chine très noire ; on fera bien de les tracer préalablement au crayon, afin de bien déterminer les points d'arrêt ou de jonction ; la partie teintée doit être au pinceau avec de l'encre de Chine très étendue d'eau ; il faut avoir grand soin d'exécuter ce petit lavis alors que les filets, sont seulement tracés au crayon ; autrement l'eau, mouillant les filets, en délayerait l'encre et les ferait baver ; ce qui forcerait à tout recommencer.

La bande pointillée entre deux filets est formée par un étroit ruban de papier d'or collé sur le fond ; ce papier d'or que l'on trouve dans toutes les papeteries, et dont le prix est peu élevé, doit être coupé à la règle avec beaucoup de soin ; on se servira surtout d'un canif ou d'une pointe bien tranchante, afin d'avoir une section très nette ; il se colle facilement avec la colle de pâte ordinaire. Quoique ce papier soit assez mince, il est préférable de couper les bandes en biseau à leur point de réunion afin d'éviter la superposition des deux bandes, qui produirait une petite épaisseur.

A défaut de papier, on peut peindre les bandes dorées avec de l'or en coquille, ou même avec de l'or massif que l'on achète en poudre. On le prépare avec un peu de miel et de gomme et on l'emploie à l'eau comme les couleurs à l'aquarelle. On peut encore tracer les filets au tire-ligne avec de l'encre d'or que l'on trouve chez les papetiers. La combinaison de l'encre noire et de l'or sobrement employé en bandes ou en filets fournit des effets très artistiques.

Il est bon d'éviter, autant que faire se peut, dans les bordures de marges, les complications de lignes, les trompe-l'œil qui font paraître le sujet comme collé sur une surface en relief ou en creux, ainsi que les surcharges d'ornements et de feuillage. Il faut remarquer que l'image encadrée ne peut que perdre à ce voisinage qui l'alourdit et distrait l'attention du sujet principal.

Lorsqu'on emploie de la carte un peu épaisse, on peut tracer des filets à l'aide d'un corps dur, en os, en ivoire ou en bois, dont l'extrémité est émoussée de façon à pouvoir glisser aisément sans écorcher ou entamer le carton. On obtient de cette manière, notamment sur le bristol teinté, des filets brunis d'un effet très harmonieux et s'alliant parfaitement avec les filets dorés.

Ces observations s'appliquent à toutes les bordures d'encadrement, qu'elles soient tracées sur les passe-partout proprement dits ou sur la feuille de papier ou de bristol au milieu de laquelle se trouve collé le sujet à encadrer.

Cadres en bois

Jusqu'à présent, nous ne nous sommes occupés que de l'encadrement proprement dit, et nous n'avons obtenu en définitive qu'un tableau sans le moindre entourage. Le travail ne peut donc être considéré comme terminé, car cet entourage, qui constitue le cadre, est indispensable au même titre que le passe-partout, et d'ailleurs l'amateur peut en entreprendre la fabrication avec toutes chances de succès à la condition de posséder une scie et une *boîte d'onglet* qui permet de scier exactement à 45 degrés d'inclinaison les côtés du cadre.

Suivant les dimensions et la nature du sujet qu'il s'agit d'encadrer, on peut employer le bois uni, simplement ciré ou verni, plus ou moins enrichi d'ornements sculptés, ou les *baguettes*, de toute forme et profil, dorées, biseautées, noires, méplates ou arrondies. Ces baguettes se vendent en morceaux de trois mètres de longueur chez les encadreurs et dans les bazars. Leur prix varie naturellement suivant leur grosseur et leur degré d'ornementation.

Pour encadrer un passe-partout préparé ainsi qu'il a été dit, on détermine d'abord la grandeur que l'on veut donner au cadre, ce qui est indiqué par la grandeur même de ce passe-partout, dont les dimensions sont celles de l'*intérieur* du cadre. Pour connaître la longueur des baguettes à employer, il faudra ajouter à la longueur des quatre côtés du passe-partout, huit fois la largeur de la baguette. C'est-à-dire que si, par exemple, le tableau à encadrer mesure 0 m 82 sur 0 m. 54 et qu'on emploie une baguette de 0 m. 08 de largeur, il faudra une longueur totale de baguettes de :

$$0\text{ m. }82\times2+0\text{ m. }54\times2+0\text{ m. }08\times8=3\text{ m. }36$$

Pour couper les quatre cotés de ce cadre à la grandeur voulue, on donnera donc 0 m. 82+0 m. 16 0 m. 98 à chacun des grands côtés et 0 m. 54×0 m. 16 0 m. 70 aux petits côtés. Les quatre angles seront abattus à 45 degrés dans la *boîte d'onglet*, (fig. 61), et cela fait, on reconnaîtra que la longueur des côtés du cadre, mesurée à l'intérieur est exactement celle du tableau qui doit être entouré.

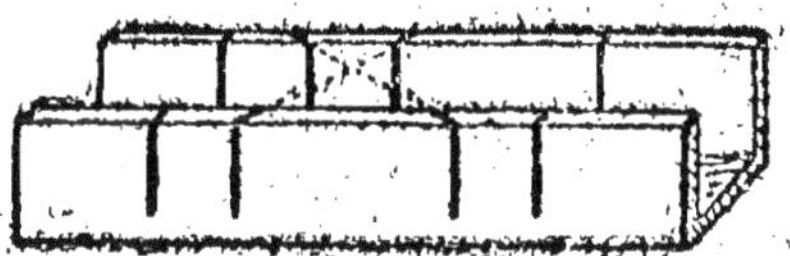

Fig. 61. — Boîte d'onglet

L'assemblage des quatre morceaux se fait à l'aide de pointes, et non pas par collage, car on comprend bien que ce procédé ne donnerait pas suffisamment de solidité. On commence par approcher l'un de l'autre deux

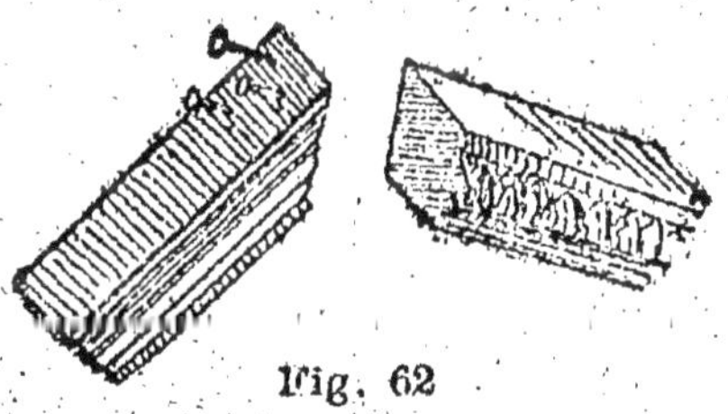

Fig. 62

des baguettes en appliquant bien les deux biseaux l'un sur l'autre, et on les relie à l'aide de pointes avec ou sans tête plate enfoncées comme montre la fig. 62. Ces deux côtés une fois réunis, on prépare de la même façon les deux autres, si bien que l'on a deux morceaux ayant l'aspect de la lettre L. On applique ces deux fragments l'un contre l'autre, on cloue, toujours sur les côtés, jamais sur les faces, et on obtient finalement le cadre dans le vide duquel on peut loger le tableau ou le passe-partout.

Quand le tableau est de grandes dimensions, on peut consolider le cadre par derrière en lui ajoutant deux traverses disposées en croix, ou des planchettes dans chacun des angles pour les renforcer. Il ne faut pas oublier de munir la face postérieure du cadre de pitons en fer pour attacher les cordons permettant de suspendre les tableaux aux murailles. Suivant la grandeur du cadre, un piton, au milieu du grand côté du haut, suffit, ou bien il en faut deux placés à égale distance des angles supérieurs.

CHAPITRE IV

BROCHAGE ET RELIURE D'AMATEUR

Jamais, autant qu'aujourd'hui, le public ne s'est livré au plaisir de la lecture, et il n'est pas d'intérieur, fût-il des plus modestes, qui ne recèle des publications de toute espèce : livres, brochures, journaux. Tout le monde lit et possède des imprimés, dont beaucoup se détériorent faute d'une enveloppe préservatrice permettant de collectionner les publications périodiques et les livraisons. Les opérations du brochage et de la reliure ne sont pas, cependant, tellement compliquées qu'on ne puisse les réussir avec quelque attention dans l'exécution du travail, et c'est pourquoi nous résumerons dans ce chapitre l'exposé des opérations à l'aide desquelles on peut réunir en un tout compact les divers feuillets d'un ouvrage pour en composer un volume que l'on peut ensuite conserver indéfiniment et feuilleter sans risquer de l'endommager.

Brochage

Les diverses feuilles imprimées devant composer un livre, sont pliées individuellement pour constituer une série de cahiers que l'on distingue les uns des autres par une mention suivie d'un chiffre, placée à l'angle de gauche de chacune de ces feuilles, et que l'on appelle *signature*. Autant un ouvrage contiendra de feuilles, autant il composera de cahiers distincts, que l'opération du brochage consiste à relier les uns aux autres avant de les recouvrir d'une couverture. S'il s'agit, non d'un imprimé, mais d'un cahier de papier blanc, il est bien évident que le travail est le même, seulement les signatures n'existent pas.

Pour donner un exemple de la façon dont on doit procéder, supposons qu'il s'agit de plier une feuille in-8°. On pose cette feuille sur la table, de manière que la signature so trouve en bas et à gauche, la face contre la table. Placée ainsi, on suit devant soi, sur une même ligne horizontale, le chiffres 2, 15, 14, 3, puis, au-dessus, en lisant dans le même sens, mais les chiffres à rebours 7, 10, 11, 6. On plie de manière à faire tomber exactement 8 sur 2 et 6 sur 7, on a ainsi devant soi 4 et 13 à l'endroit, 5 et 12 à l'envers. Sans déranger la feuille, on redouble de la main gauche le haut de la feuille sur le bas, en faisant tomber alors 5 sur 4, en même temps que 12 arrive sur 13. On voit alors les paginations 8 et 9, on prend, toujours de la main gauche, la feuille au chiffre 9 et on la rabat sur le chiffre 8 qui termine le pliage de la feuille par le troisième pli. On effectue ces différents plis successifs en s'aidant d'un plioir, ou couteau à papier, en bois que l'on passe sur les deux épaisseurs de papier en s'efforçant de ne pas produire de faux plis et d'aviver nettement le pli que l'on fait.

Les feuilles imprimées ont un pliage variable : c'est le nombre de pages et non la dimension de la feuille qui constitue ce que l'on appelle le format d'un ouvrage, ce nombre de pages, qui produit naturellement, une fois la pliure effectuée autant de feuillets distincts, pouvant être plus ou moins grand.

Pour reconnaître le format d'un livre, il est donc un moyen bien simple : il consiste à chercher à quel nombre correspond la signature. Si le chiffre 2 se rencontre à la cinquième page, on a affaire à un *in-folio*; s'il se rencontre à la neuvième, c'est un *in-quarto* ; à la dix-septième, un *in-octavo* ; à la 25°, un in-12° ; à la 33°, un in-16°, à la 37°, un in-18°, etc.

Le travail de brochage consistant dans la réunion des divers cahiers successifs les uns aux autres, c'est par des coutures que s'opère cette liaison, à l'aide de l'outil appelé *cousoir,* utilisé surtout pour les registres et les livres reliés, soit sans cousoir, ce qui constitue le procédé le plus employé et dont on se contente la plupart du temps aujourd'hui. Voici comment on agit dans ce cas :

On se place, pour exécuter la couture, sur le bord d'une table, afin que les diverses feuilles ou cahiers puissent s'appliquer bien exactement les uns sur les autres et se ranger également en se guidant sur la tête. On fait choix d'abord d'une *garde* ; c'est une feuille que l'on coud en même temps que les autres ; on la replie en long, un peu moins large que la marge, et on la met sur la table le dos tourné vers soi. On pose alors dessus la première feuille pliée ou le premier cahier, le dos tourné comme il vient d'être dit, la tête à gauche, puis on prend de la main droite une longue aiguille droite ou courbe, dite *aiguille à brocher* enfilée d'une longue aiguillée de fil solide et pas trop retors. On perce le dos du cahier, de dehors en dedans, au tiers environ de la longueur du dos, et on fait passer l'aiguille et le fil à travers ce trou, le cahier demeurant à moitié ouvert sur la main gauche, qui saisit l'aiguille, la tire avec le fil, en laissant toutefois dépasser celui-ci en dehors de 12 à 15 centimètres environ, puis la fait repasser en sens inverse à travers le milieu du cahier, au deuxième tiers de la longueur du dos. On tire ensuite le fil au dehors sans cependant amener la boucle sortant du premier trou, à droite. La figure 63 aidera à saisir le mécanisme de cette opération :

L'aiguille pénètre en A, ressort en B, pénètre en C dans l'avant-dernier cahier, ressort en D. Avant de pénétrer en E dans le cahier suivant, il faut rattacher en D l'extrémité du fil resté libre en A. On pénètre ensuite en E et on ressort en F. Avant de pénétrer en G, il faut faire passer le fil entre B et C pour ressortir en H. Faire passer le fil entre D et E ; avant de pénétrer en I, ressortir en J, et ainsi de suite jusqu'à la fin. L'extrémité du fil du dernier cahier cousu se rattache au cahier précédent.

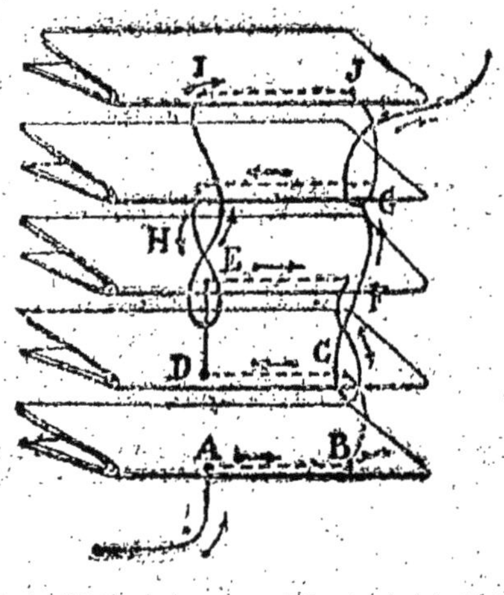

Fig. 63

Autrement dit, le fil une fois passé à travers la première feuille imprimée, on pose la deuxième au-dessus et on pique l'aiguille de dehors en dedans, juste en face du dernier trou fait dans la première feuille ; on ressort, de dedans en dehors, juste au-dessus du premier trou du premier cahier, à droite ; on noue solidement le fil avec le bout que l'on a laissé dépasser au premier cahier et les deux feuilles ou cahiers sont solidement liés entre eux.

On pose une troisième feuille sur les deux autres, et on la traite absolument comme la première, afin que la couture soit bien perpendiculaire sur la table, et non en zig-zag ; seulement, avant de coudre le quatrième cahier, on passe son aiguille entre le point qui lie le premier cahier avec le second, afin qu le troisième cahier soit lié aux deux autres ; c'est ce qu'on appelle faire la *chaînette*. On continue à coudre tous les cahiers, on y ajoute une seconde garde, et le volume est cousu. Il faut faire attention, quand l'aiguillée de fil dont on se sert touche à sa fin, d'y en attacher une autre, mais toujours de manière que le nœud tombe dans l'intérieur du volume ; il vaut mieux sacrifier un petit bout de fil que de mettre sur le dos un nœud qui paraîtrait.

Une fois le volume cousu, on enduit le dos de colle de farine. On enduit également de colle la feuille de couverture. Alors on pose à plat sur le milieu de la feuille encolée le dos de volume, on retire les deux côtés de la feuille sur les gardes et on appuie fortement sur le dos pour faire bien coller le papier ; on tire un peu les côtés pour les faire adhérer sans plis aux gardes, et l'on met le volume en presse sous quelques autres pour le laisser sécher.

Quand on travaille pour soi, et lorsqu'on veut donner plus de solidité à la brochure, on commence par coller sur le dos du volume une bande de toile ou d'étoffe analogue quelconque, mise en long, et c'est sur cette toile séchée et bien encollée à nouveau que l'on applique la couverture.

Dans cet état, le livre est dit *broché* et se vend souvent ainsi ; mais il ne présente pas assez de solidité et, tôt ou tard, il est nécessaire de le relier.

Reliure

La reliure s'exerce, soit dans de grands ateliers où l'on travaille pour les libraires, qui font maintenant relier la plupart des livres de luxe avant de les mettre en vente, soit dans de petits ateliers où l'on relie pour les particuliers qui ont acheté les livres brochés. Ce second genre de travail diffère un peu du premier et pourrait être désigné sous le nom de *reliure d'amateur,* l'autre constituant la *reliure industrielle.*

Lorsque le livre a été plié, il doit subir l'opération du battage, qui a pour but de comprimer le papier et de réduire son volume. Le battage se fait à l'aide d'un marteau en fer, à tête carrée et à manche court, pesant 5 kilogrammes environ. Le relieur, tenant d'une main un paquet de cahiers appelée *battée*, le place sur une grosse pierre de 0,80 de haut environ, de l'autre main il soulève le marteau et le laisse retomber sur le paquet à battre. Pendant le battage, l'ouvrier doit déplacer la battée de manière qu'un coup de marteau empiète toujours sur le précédent. On évite ainsi de faire des bosses qu'on appelle *noix*. Aujourd'hui, le battage est presque toujours remplacé par un laminage entre des feuilles de zinc. Ce procédé est plus expéditif, moins fatiguant et plus efficace.

Les livres sont ensuite mis en presse pour faire disparaître le gondolement résultant de la précédente opération. Chaque volume mis sous presse est séparé du suivant par une petite planchette appelée *ais*. A la sortie de la presse, les exemplaires sont collationnés afin de vérifier si les cahiers sont bien en ordre et s'il n'en manque pas, puis on colle le long du premier et du deuxième cahier une feuille de papier blanc pliée en deux et appelée *garde blanche*. L'autre moitié de cette feuille forme l'envers de la feuille colorée qui se trouve immédiatement après la couverture et qu'on appelle la *garde marbrée.*

Tous les cahiers composant le volume doivent être ensuite réunis les uns aux autres par des fils, mais le cousage est précédé du *grecquage,* opération consistant à faire sur le dos du volume serré entre les mâchoires d'un étau, plusieurs sillons destinés à loger les ficelles devant servir de points d'attache pour les fils de la couseuse. Le grecquage s'exécute, soit à la main au moyen d'une petite scie, soit mécaniquement sur des scies circulaires à axe horizontal tournant au-dessus de l'étau.

Le trait de scie emportant la substance du papier forme la rainure dans laquelle le fil vient se loger, et cette entaille permet au dos du volume de rester égal et uni. Lorsqu'on veut coudre ce volume grecqué, on amène donc les fils du cousoir en face de chacun des traits de scie. Cette méthode est celle qui est employée pour la reliure, mais on comprend qu'elle peut également être mise en pratique pour la brochure ordinaire, car le travail est beaucoup plus solide que celui que nous avons expliqué en premier lieu.

Le cousage est exécuté à l'aide d'un appareil très simple appelé *cousoir*, se composant (fig. 64) d'une tablette horizontale au-dessus de laquelle se dressent deux montants verticaux en bois, ficelés sur une partie de

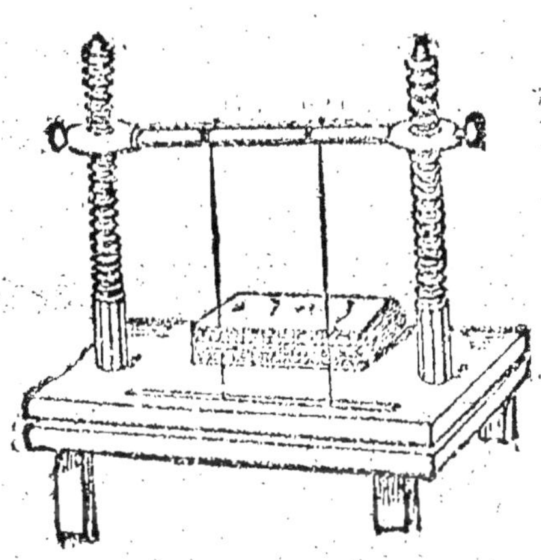

Fig. 64

leur hauteur, et pourvus d'écrous. Ces écrous servent à fixer à la hauteur convenue une barre horizontale vissée sur les deux montants. De cette façon, en faisant tourner ces montants autour de leur axe, simplement en les serrant à pleine main par leur partie inférieure qui n'a pas de filets de vis, on fait monter ou descendre la traverse, suivant le sens dans lequel on tourne. Sur cette traverse, on enfile à demeure des bouts de ficelles noués en boucle, appelés *entre-nerfs* et sur lesquels on attache les fils du dos que l'on veut mettre aux volumes. Ce nombre de fils est déterminé par la quantité de traits de scie que l'on a donné sur le dos lors de l'opération du grecquage.

Entre les deux tiges filetées, la table est munie d'une fente à travers laquelle passent des fils que l'on arrête en dessous par une simple cheville de bois disposée en travers. Les personnes qui font de la reliure savent bien, en effet, qu'il est indispensable que les fils possèdent une certaine longueur dans la partie située au-dessous de la table; c'est pourquoi elles ont soin d'en enrouler une certaine quantité autour de chaque cheville et de l'arrêter par une boucle provisoire.

Il existe plusieurs manières de coudre: les deux plus usitées pour ce genre d'opération sont le *point devant* et le *point arrière*.

La manière de se placer en face des cahiers à coudre est identiquement la même que dans le brochage ordinaire. On commence toujours par enfoncer son aiguille du dehors au dedans, dans le trou indiqué pour la chaînette. Pour exécuter le point devant, on sort l'aiguille de dedans en dehors de l'autre main, à côté de la ficelle, vers la droite, en laissant par conséquent la ficelle à gauche. On rentre l'aiguille de dehors en dedans, en laissant la ficelle sur la droite, de sorte que le fil n'entoure la ficelle que sur la moitié de sa circonférence.

Le point arrière diffère du précédent en ce que, quand on sort du dedans au dehors, on pique son aiguille de manière à laisser la ficelle sur sa droite, mais ensuite on la rentre du dehors en dedans en faisant le tour de la ficelle qui reste alors sur la gauche, de manière que le fil l'entoure complètement. Il est bien évident que le point arrière est plus solide que le point devant et qu'on doit l'employer de préférence à l'autre. Les ouvriers relieurs, par économie, savent fort bien coudre à point arrière les deux ou trois premières et dernières feuilles ainsi que les gardes, puis tout le milieu du volume à point devant.

On a rendu la couture un peu plus expéditive encore en cousant à deux, trois ou quatre cahiers.

Pour coudre à deux cahiers, on tend trois ficelles ; on peut n'en mettre que deux, mais c'est moins solide. Pour coudre la première feuille, on entre l'aiguille par le trou de la première ficelle, en dedans ; par conséquent le fil entoure la ficelle avant d'entrer dans la seconde feuille. L'aiguille sort par le trou de la seconde ficelle, en dehors, entre dans la première feuille après avoir entouré la ficelle, et sort par le trou de la chaînette. Lorsqu'on met trois ficelles, comme nous l'avons dit tout à l'heure, la seconde feuille est plus solide, parce qu'elle est retenue par deux ficelles au lieu d'une seule.

Pour coudre à trois cahiers, on tend quatre ficelles, mais on emploie rarement ce moyen.

Le premier et le dernier sillon ne reçoivent pas de ficelles ; l'ouvrière y fait avec son fil un point de chaînette qui relient les cahiers.

Après le cousage, on coupe les ficelles en laissant excéder un bout de chacune d'elles; on passe une couche de colle forte sur plusieurs volumes à la fois.

Dans la reliure industrielle, au collage succède la *rognure,* opération par laquelle on aplanit parfaitement les tranches du livre. Pour cela, on le serre dans une pince horizontale en bois, d'où l'on ne fait sortir que ce qui doit être rogné ; puis, avec un couteau, on coupe tout ce qui excède. Le couteau est fixé dans une monture appelée *fût*, qu'il suffit de faire glisser sur la presse.

Le plus souvent, ce mode de rognage est remplacé par l'emploi d'une machine qui permet de rogner un grand nombre de livres à la fois, et qui consiste essentiellement en un couteau animé d'un mouvement vertical. Les livres sont placés en pile sur une plate-forme, et le couteau, en descendant, les rogne.

Comme nous ne supposons pas que les amateurs pour lesquels nous écrivons aient une machine à rogner, nous leur conseillerons de garder leurs volumes non ébarbés, ce qui vaut bien mieux et leur laisse une bien plus grande valeur. Ce que la manie de rogner les volumes a fait perdre de beaux ouvrages est incalculable ; c'est encore la manie furieuse de la plupart des relieurs de profession.

On procède ensuite à l'*endossage*, opération qui a pour but d'arrondir le dos et de produire la saillie, nommée *mors*, que les longs côtés du dos forment sur le corps du volume et qui doit recevoir la couverture en carton. On frappe d'abord sur le dos du livre placé à plat, puis on le met dans un étau horizontal dont les mâchoires sont inclinées de dedans en dehors et ne laissent sortir que la partie destinée à faire le dos. En serrant l'étau, on comprime le livre et les longs côtés du dos font alors saillie sur les mâchoires : on les rabat sur elles par quelques coups de marteau, et, lorsqu'on desserre le livre, le mors se trouve fait.

Chacun a remarqué que dans un livre la tranche parallèle au dos a toujours une forme concave ; cette concavité est appelée la *gouttière*. Il est facile de se rendre compte de la manière dont elle est produite. Avant l'arrondissage du dos, la tranche est parfaitement plate, mais cette opération ayant pour effet de pousser en avant les feuilles du commencement et de la fin du livre tandis que celles du centre ne bougent pas, il en résulte que la tranche prend une forme concave, le fond de la concavité correspondant aux pages du centre.

Il faut maintenant poser la couverture, qui est faite avec deux feuilles de carton percées au poinçon sur l'un de leurs plus longs côtés d'autant de fois deux trous qu'il y a de ficelles au dos du volume, en ayant soin de faire le trou oblique et de laisser au moins deux millimètres entre le bord du carton et le trou. Les cartons qu'il est préférable d'employer pour ce travail sont ceux qui sont minces et souples, plutôt que ceux qui sont épais et rigides. On les double d'une ou deux feuilles de papier collées à la colle forte, qui leur donne du raide. Le relieur prend le carton ainsi préparé, passe chaque ficelle dans chaque paire de trous en allant de dehors en dedans pour le premier trou et inversement pour le deuxième. Il rabat ensuite le bout de la ficelle sur la face extérieure du carton, et l'y colle après l'avoir aplatie. Dans une opération préliminaire, les bouts de ces ficelles ont été effilés et épointés, de manière qu'au collage ils puissent s'étaler sur le carton sans produire d'épaisseur. Ces ficelles relient les cartons composant la couverture au volume et en même temps servent de charnières à celle-ci.

Pour former le dos du livre, il faut employer une étoffe de coton (percaline ou toile) ou un morceau de peau. Après avoir coupé cette étoffe ou cette peau à la grandeur voulue, la première opération consiste à en doubler les extrémités, puis on encolle le tout avec soin avant de placer le volume sur le dos et de tendre le tissu ou le cuir aussi soigneusement que possible. On laisse ensuite sécher parfaitement. On coupe, en dernier lieu, à la grandeur voulue, des feuilles de papier de couleur, assez grandes pour pouvoir se replier en dedans de la couverture sur une étendue de deux doigts. Cette opération n'est pas plus difficile que le brochage proprement dit et sa réussite est surtout une affaire de goût. On colle alors, en dedans de chaque carton, une garde en papier de couleur qui recouvre les bords de la couverture jusqu'à trois millimètres du bord intérieur du carton et prend les feuilles intérieures de garde blanche du volume et lui servent de doublure. On laisse enfin sécher longtemps, très doucement en laissant les livres sous presse.

Opération de la dorure

Le titre et les ornements dorés que l'on voit sur le dos des livres d'étrennes et ceux donnés aux distributions de prix se posent de la manière suivante:

On passe en premier lieu une couche d'albumine (blanc d'œuf) sur la région que l'on veut dorer, puis on la recouvre d'une mince feuille d'or, opération qui se nomme *écoucher*. Ensuite, on applique une gravure en cuivre jaune dite *fer*, portant en relief les caractères ou le dessin que l'on veut dorer, et qui a été préalablement chauffé comme un fer à repasser, sur la partie à impressionner. Il se produit alors une espèce de gaufrage dans lequel pénètre la feuille d'or. Si l'on passe ensuite doucement un blaireau, l'excès d'or est enlevé et il n'en reste que dans les sillons creusés par le fer chaud dans l'épaisseur du tissu.

Emboîtage à l'anglaise

La reliure des livres à bon marché est fréquemment simplifiée. Au lieu de relier le dos au carton à l'aide de ficelles, on colle sur le livre un dos et une couverture ne formant qu'une pièce, les ficelles sont rabattues sur les gardes. Ce procédé est désigné sous le nom d'emboîtage ; il est intermédiaire entre le brochage et la véritable reliure, mais il est bien moins solide que celle-ci.

La reliure d'amateur comporte quelques

opérations de détail que nous avons laissées de côté et qui produisent un travail plus soigné, plus solide, mais en même temps plus coûteux. Par exemple, pour ce genre de reliure, on ne rogne le livre qu'après l'arrondissage du dos et la pose des cartons. Il faut que la gouttière soit faite par un procédé particulier, qui demande une certaine habileté de la part de l'ouvrier. Avant de mettre le livre dans la presse à rogner, il pince la tranche entre deux ais qu'il tient à la main, et par un mouvement particulier donné aux feuilles, il fait avancer celles du centre et reculer celles des extrémités. C'est ce qu'on appelle *bercer la gouttière*. Il résulte de cette disposition que la rogneuse coupera une plus large bande sur les feuilles qui sont le plus en avant, et, lorsque le livre reprendra sa position normale, la tranche de ses feuilles se retirera plus en arrière et la gouttière se fera d'elle-même.

CHAPITRE V

LA PYROGRAVURE SUR CUIR ET SUR BOIS

Outillage

On donne le nom de pyrogravure à l'art consistant à dessiner, non pas avec un crayon ou une plume, mais à l'aide d'une pointe chauffée, des sujets de toute espèce, sur le bois, le cuir, l'ivoire et même le papier. C'est un travail d'amateur dans toute l'acception du terme, car il est à la portée de tous et peut être exécuté par tout le monde, à la seule condition d'avoir du goût et un peu de dextérité manuelle, car il n'est pas indispensable de savoir dessiner.

On trouve dans le commerce des boîtes-nécessaires contenant tout l'outillage nécessaire pour la pratique de la pyrogravure, basée sur l'emploi rationnel du thermocautère, appareil seulement connu des médecins jusqu'à ces derniers temps. Cet outillage se compose des pièces suivantes :

Le saturateur ;

La soufflerie ;

Le pyrocrayon ;

La lampe à alcool et les tubes de raccord en caoutchouc.

Le premier de ces instruments, le saturateur, est un simple flacon de verre que l'on remplit d'essence minérale, et dont le bouchon est traversé par deux tubes : l'un relié à une poire en caoutchouc, l'autre au tube allant au pyrocrayon. Son fonctionnement est facile à comprendre. Sous l'effet du courant d'air chassé par la poire, les vapeurs combustibles de l'essence sont entraînées jusqu'à la pointe où on les enflamme pour chauffer celle-ci.

Dans les petits appareils, la soufflerie se compose de deux poires en caoutchouc placées à la suite l'une de l'autre et adaptées au tube de raccord reliant le saturateur au manche de l'outil à pyrograver. Il suffit de presser doucement de temps en temps sur l'une des poires pour porter la pointe à l'incandescence. Dans les grands modèles, la soufflerie est mue au pied. De toute manière, plus on active le courant d'air produit, plus la température augmente, mais, si l'on poussait jusqu'au rouge cerise, ou au blanc, on risquerait de déformer la pointe. Il est donc préférable d'agir plus lentement en se contentant de la température du rouge sombre.

Le pyrocrayon, qui joue le rôle du crayon du dessinateur ou du pinceau du peintre, se compose d'une pointe en platine, retenu à l'aide de griffes isolantes, à l'extrémité d'un manche en bois verni ou en liège creux, et qui sert d'enveloppe à un tube métallique donnant passage aux vapeurs d'essence dont la combustion maintient l'incandescence de la pointe de platine.

Cette pointe est la partie la plus délicate et aussi la plus coûteuse de l'appareil ; elle doit donc être l'objet des plus grands soins, et notamment des suivants. Il ne faut jamais allumer la pointe à une autre flamme que celle d'une lampe à alcool. Pendant le travail, il ne faut pas appuyer cette pointe contre la matière à pyrograver, mais seulement la frôler, comme si l'on se servait d'un crayon mou. A plus forte raison, il faut éviler, pendant le travail, de lui faire subir des chocs ou de l'appuyer contre un objet en métal, car, lorsque la pointe se trouve ainsi accidentellement détériorée, force est de la changer ou de la faire réparer par le fabricant. Une bonne précaution consiste à avoir auprès de soi en travaillant un pot de suif fondu dans lequel on plonge la pointe de temps à autre afin de l'entretenir en bon état, pendant le travail et après qu'on a terminé. On laisse ensuite refroidir, on enlève le pyrocrayon de son tube de caoutchouc et on l'essuie avec un linge fin avant de le remettre en place dans la boîte.

Il existe cinq sortes de pointes pour pyrograver : 1° la pointe fine pour les traits menus et déliés ; 2° la pointe forte pour les traits larges et profonds ; 3° la pointe aiguë pour les lignes très fines tracées à la règle ; 4° la pointe plate pour les traits larges, et 5° la pointe appelée *pyropinceau* qui agit à distance et permet d'obtenir les teintes fondues et dégradées, comme ferait une estampe. La pointe dite *universelle* peut toutefois fournir les mêmes effets que toutes celles qui viennent d'être énumérées.

Quant à la lampe à alcool, elle sert à allumer les vapeurs d'essence et à chauffer la pyrocrayon. Elle ne doit pas être remplie à plus d'un tiers de sa capacité, de même que le saturateur.

Préparation du dessin

Il s'agit en premier lieu de tracer les contours du sujet que l'on veut reproduire et rien ne sera plus facile si l'on sait dessiner. Mais, ainsi que nous l'avons dit plus haut, ce n'est pas indispensable ; il ne manque pas de moyens permettant de suppléer à l'absence de ces connaissances, et l'on effectuera le report d'un modèle que l'on aura choisi, en se servant de l'un ou l'autre des procédés connus.

Ce report peut s'effectuer de différentes manières. En possession du modèle choisi, on en fait un calque sur papier transparent (papier à calquer). Ce calque s'applique sur le bois que l'on veut pyrograver et on intercale en dessous, une feuille de papier de couleur (plombaginée, bleutée ou enduite de sanguine), la couleur tournée du côté du bois. On repasse sur tous les traits du calque avec une pointe mousse et ces traits sont reportés en noir, en bleu ou en rouge sur le bois.

On peut encore exécuter le report en *ponçant*. Cette opération, plus longue que la précédente, s'effectue en piquant avec une épingle ou une roulette à patrons les traits du calque. On saupoudre ensuite de sanguine ou autre couleur pulvérisée que l'on trouve dans le commerce sous forme de sachets en mousseline et l'on frotte avec un tampon la surface extérieure du calque pour faire bien pénétrer cette poudre dans toutes les piqûres du poncif.

Le décalque obtenu d'une manière ou de l'autre, on passe un peu de poudre de sandaraque sur la surface que l'on va travailler ; on enlève ainsi toutes les taches ainsi que le gras laissé par la plombagine ou autre couleur.

Le procédé dit *esquisse à la bruine* peut aussi fournir de très bons résultats ; il permet aux personnes peu versées dans l'art du dessin, de composer elles-mêmes des arrangements en prenant comme modèles des fleurs ou des feuillages desséchés ou artificiels. Ces modèles d'ornementation sont placés sur l'objet à pyrograver, et on se sert, pour reproduire leur silhouette, soit d'un vaporisateur et d'un fixateur, soit d'une petite grille en toile métallique et d'une brosse ronde à poils courts, ferme et un peu grosse, dite *brosse à l'orientale*. On la trempe dans la couleur à l'eau qu'on a délayée d'avance dans un godet ; on frotte vivement le pinceau sur la toile métallique, ce qui fait tomber sur l'objet une pluie fine comme un brouillard, d'où le nom du procédé. On promène ainsi la grille sur toute l'étendue des motifs à reporter en la maintenant au-dessus, à une distance de 10 à 15 centimètres, et en s'efforçant de produire par le frottement de la brosse chargée de couleur sur la toile métallique, une bruine impalpable qui se dépose régulièrement sur le fond. On peut même obtenir ainsi des tons dégradés se fondant régulièrement. Une fois la dessication opérée, on enlève les découpures, la couleur n'étant tombée que sur les endroits non protégés. Ces découpures laissent ainsi leur silhouette sur le bois, et rien n'est plus aisé ensuite que d'en suivre les contours avec la pointe à pyrograver.

Exécution du travail

Les différentes teintes que l'on produit sur les matières mises en œuvres ne proviennent que de la carbonisation partielle de la surface de ces matières : bois, cuir, os ou ivoire. On obtiendrait à peu près les mêmes effets en promenant un pinceau chargé d'acide surfurique sur ces surfaces, mais on conçoit que l'emploi raisonné de la chaleur est bien plus pratique que celle d'un acide. Quoi qu'il en soit, on peut dire que la pyrogravure constitue un délassement agréable, que l'amateur peut pratiquer sans connaissances spéciales ni apprentissage préalable. On peut dire qu'il est presque aussi facile de pyrograver que d'écrire, et on peut utiliser ce procédé aussi bien pour graver une inscription sur une caisse que d'exécuter des travaux décoratifs de toute espèce.

Quand c'est du bois que l'on veut ainsi décorer, il faut choisir un panneau bien uni, que l'on passe au besoin au papier de verre pour le rendre bien lisse. On l'essuie ensuite soigneusement pour ne pas risquer d'endommager la pointe de platine au contact de la poussière de bois et de papier verré, puis on fait le report du modèle ainsi qu'il a été expliqué plus haut.

Il n'est pas indispensable, pour travailler le bois, que la pointe du pyrocrayon soit portée à l'incandescence ; une température moyenne suffit et il ne faut l'augmenter que pour les traits de force et les ombres, car il ne faut jamais appuyer avec force sur la pointe, rappelons-le encore en passant, car on risquerait de la déformer et de la mettre rapidement hors d'usage. Ces observations étant dans la mémoire, on peut commencer le travail, et nous donnerons, comme un modèle à suivre, l'exemple de quelques spécimens d'ouvrages en pyrogravure que nous emprunterons au *Cours de pyrogravure* publié par M. Morel dans la revue la ***Mode Illustrée.***

Paysage pyrogravé

Pour un paysage, on trace d'abord l'esquisse au crayon, ou l'on fait le report du sujet choisi par calque ou poncif. Ensuite, par coups heurtés, dans le sens vertical, nous ferons les troncs d'arbres, en nous servant pour cela de la pointe extrême du pyrocrayon que nous inclinerons légèrement. Des coups de pointe plus nombreux par endroits seront d'un bon effet pour indiquer des nœuds dans le bois. Les branches principales se font, comme le tronc, par coups heurtés ; pour les petites branches, un simple trait suffira. On fera le feuillage en se servant de l'extrême pointe, légèrement inclinée.

Il faut, pour les maisons, que chaque ligne soit marquée bien en détail et que tous les traits soient fins et nets. Nous ferons les herbes en lançant de petits traits partant de la racine pour remonter ensuite. Enfin les nuages se feront en teintes fondues ; pour cela, il faut employer le pyropinceau ou se servir du côté rond de la pointe, maintenue au rouge vif et promenée près du bois sans cependant le toucher.

Bouquet de fleurs

Les fleurs pourront se détacher sur fond brûlé en tonalités fondues, et être exécutées en se servant seulement de la pointe universelle, ou successivement de la série de pointes dont nous avons parlé. Pour les lignes délimitant les contours des fleurs et des feuilles, on peut employer l'une quelconque de ces pointes, mais on arrivera à des finesses plus grandes avec la pointe universelle bien que l'habitude permette d'atteindre une très grande délicatesse de touche avec n'importe quel outil.

L'extrême pointe du pyrocrayon légèrement inclinée servira à tracer les contours principaux ; quand il faudra accentuer davantage les traits, il suffira d'incliner un peu plus la pointe pour avoir un trait plus large. Pour le faire plus creux, on augmentera l'incandescence. Pour les traits de force, on utilise le côté rond de la pointe universelle, on peut aussi agir de la même façon avec la pointe ordinaire. Les nervures des feuilles s'exécutent avec l'extrême pointe, et la nervure du milieu doit être plus forte que les nervures latérales.

Le pyrocrayon doit être tenu de telle manière que sa pointe se trouve médiocrement inclinée, afin que, dans le travail, les traits soient nets. Ainsi manié, l'outil ne s'arrêtera pas aux nervures du bois et ne le creusera pas brusquement quand, par hasard, le bois sera plus tendre. Les ombres pourront se faire en hachures ou en teintes fondues ; ces dernières ont un aspect plus agréable à l'œil que les hachures, que celles-ci soient parallèles ou croisées et plus ou moins serrées. Pour les ombres en teintes fondues, on les obtient en amenant au rouge vif la pointe du pyrocrayon et en la promenant tout auprès de la surface du bois, afin qu'elle le carbonise légèrement et lui donne une teinte brune. Pour une teinte plus foncée, on augmente l'incandescence et l'on maintient la pointe plus rapprochée. Il est bien entendu que, pour ces ombres, c'est la partie arrondie et large de la pointe qui est utilisée.

Le cœur des fleurs possède des pistils qui doivent être faits en petits coups creux avec la pointe extrême de l'outil amenée au rouge clair, et avec laquelle on pointille, pour ainsi dire, le bois, en maintenant la pointe un instant presque au contact du bois, afin d'obtenir un petit trou rond d'une certaine profondeur. Pour le fond en ombre dégradée, on se servira du côté large et arrondi de la pointe maintenue à parfaite incandescence, et que l'on promènera en tous sens très près du bois sans cependant le toucher ; on l'éloigne un peu plus pour avoir une teinte moins foncée et redonner du ton à une partie trop claire. La pointe ainsi manœuvrée fournit les mêmes résultats que le pyropinceau. Si l'on veut ensuite encadrer le panneau par des lignes pyrogravées, on se sert de la règle, et on exécute le tracé avec l'arête vive du dessus de la pointe universelle qui peut remplacer les pointes de forme particulière préconisées pour ce genre de tracés.

Meubles en bois blanc pyrogravés

Quand on possède un meuble en bois ordinaire : peuplier ou sapin, on peut en faire un meuble agréable à l'œil que l'on pourra placer, sans craindre de déroger à l'harmonie générale de l'appartement, soit dans la salle à manger, soit dans la chambre à coucher. On n'aura pour cela qu'à orner les panneaux du devant et de côté de motifs en pyrogravure.

Mais quels sont les motifs à choisir de préférence ? Chacun peut, ici encore, suivre son inspiration et reproduire, soit des branches de feuillage ou des fleurs, des paysages, des marines ou des trophées champêtres, suivant la pièce à laquelle le meuble est destiné. Il est inutile de dire que la décoration en peinture pourrait être dans ce cas d'un heureux effet, soit que l'on encadre chacun des panneaux, soit que l'on colorie tous les motifs pyrogravés. De cette manière, on peut arriver à faire d'un meuble de valeur nulle en lui-même, un objet du meilleur goût.

Lorsqu'on sera entré dans cette voie de

décorer les meubles, il deviendra facile d'étendre ce domaine, et l'on pourra, par exemple, ornementer des chaises de bois blanc et se composer un mobilier peu coûteux en même temps que fort original.

Pyrogravure sur cuir

La première précaution à prendre quand, au lieu de bois, c'est du cuir que l'on veut orner par les procédés qui viennent d'être indiqués, c'est d'immobiliser l'objet que l'on va travailler en le fixant sur un carton ou sur une planche, en le tendant fortement dans tous les sens, s'il n'est pas tendu de lui-même. On commence par esquisser le dessin, ou, mieux, on le décalque ou on le ponce, puis on repasse tous les traits des contours avec la pointe ordinaire du pyrocrayon. On commence par faire des traits légers en maintenant la pointe à une température élevée ; pour obtenir ensuite des traits de force, on augmente encore la chaleur. Il faut qu'on ait à produire une ligne très creuse pour que l'on aille jusqu'à donner la couleur rouge cerise à la pointe de platine. Dans tous les cas, lorsqu'il s'agit de pyrogravure sur cuir, il ne faut jamais exagérer l'incandescence;

l'excès de chaleur produit risquerait de brûler le cuir trop profondément et de le détériorer.

Pour faire les ombres, on procède sur le cuir exactement comme sur le bois, c'est-à-dire par hachures parallèles serrées ou croisées. Pour les premières, il suffit de suivre le mouvement de la partie à ombrer ; les hachures croisées s'exécutent dans deux sens opposés. Quand on préfère avoir des ombres bien fondues, il suffit de maintenir l'extrémité ronde de la pointe à un certain degré d'incandescence et à la faire passer à une distance du cuir telle que celui-ci soit légèrement brûlé et prenne une teinte brune plus ou moins foncée. Cette teinte sera, naturellement d'autant plus sombre que l'incandescence de l'outil aura été plus ou moins accentuée.

Il est également possible de faire des ombres pointillées en se servant de l'extrémité fine de la pointe, avec laquelle on frappe la surface à ombrer, en produisant à chaque fois un point plus ou moins accentué. S'il s'agit de reproduire par exemple des feuilles ou des graines de houx, il faut agir comme suit : pour les feuilles du milieu, la nervure doit être marquée plus fortement que celles qui viennent s'y raccorder sur les côtés. Pour les graines, on obtient le relief en accentuant d'un trait bien net et plus large d'un côté que de l'autre. Quelques traits parallèles suivant le contour et allant en diminuant progressivement d'épaisseur, suffiront pour ombrer.

Lorsqu'on veut faire un fond d'aspect craquelé, on laisse trembloter la pointe extrême du pyrocrayon ; on forme ainsi des petits ronds et des petits carrés de dimensions très variées et qui paraissent rattachés les uns aux autres. L'aspect général d'un fond ainsi traité est celui d'un dos de poisson avec ses écailles. C'est de préférence sur les cuirs présentant une belle teinte brune que ce genre de travail préparatoire fait le plus bel effet.

Pyrogravure d'une chaise de cuir.

Il existe une infinité de genres d'ornements convenant à ces pièces faisant partie de l'ameublement d'un bureau ou d'une salle à manger. Quel que soit le sujet que l'on a choisi, le tracé en est d'abord reporté sur le cuir par l'un des procédés déjà décrits, et l'on reprend dans tous ses détails le dessin avec le côté large de la pointe du pyrocrayon, de façon à obtenir un trait assez profond. Les ombres sont faites ensuite au moyen de traits croisés ou pointillés.

Dans le cas où le ton naturel du cuir serait jugé trop clair, rien ne serait plus facile que d'atténuer cet inconvénient en faisant un fond sur toute la surface sans toucher, bien entendu, au motif décoratif.

Pour réussir un fond d'une belle couleur brun foncé, le meilleur procédé consiste à tracer de tous petits cercles d'un millimètre au plus de diamètre, extrêmement rapprochés les uns des autres; l'effet cherché sera obtenu parce que tous les points brûlés seront très près les uns des autres Ce travail n'a qu'un défaut, c'est qu'il est très long à exécuter, mais, une fois achevé, il donne au panneau l'aspect du cuir repoussé. En effet, le dessin paraîtra d'autant plus clair que le fond sera plus sombre, et il se détachera jusqu'à donner l'illusion du relief.

Si l'on veut rehausser la décoration en dorant le dessin d'ornement, on se servira de poudre de bronze délayée dans l'eau gommée. Il faut proscrire l'usage, pour cet objet, du vernis à bronzer, parce que, le travail une fois terminé, le cuir devra être encaustiqué et non pas verni. C'est la seule façon de procéder pour éviter que le cuir ne devienne cassant, ce qui a une grande importance lorsqu'il s'agit d'une chaise ou de tout autre meuble appelé à s'user vite.

Lorsque le panneau de cuir est destiné à un autre usage, on peut, pour parachever le travail de pyrogravure, passer ce panneau à l'encaustique comme s'il était en bois. L'encaustique jaune est une dissolution à froid de cire jaune dans l'essence de térébenthine ; l'encaustique incolore est préparé avec de la cire vierge. Cet enduit de cire n'est pas indispensable quand on fait simplement de la pyrogravure sur cuir, ou que l'on a décoré à l'aquarelle ou aux poudres de bronze, ou encore à la gouache, mais il faut avoir soin de ne se servir, dans ce cas, que de vernis spécial pour cuir, toute autre qualité pouvant tacher ou détériorer cette substance. Lorsque les décorations ont été exécutées avec du vernis à l'alcool ou des poudres, il faut se servir de préférence du liquide que l'on trouve dans le commerce sous le nom de « vernis préservateur pour métaux ». On se sert du vernis mat dans le cas où l'on a employé pour la décoration des vernis mats et que l'on désire conserver la pièce sous cet aspect. Il est bon toutefois de remarquer que, si l'on a fait usage de vernis pour la décoration d'objets en cuir, l'ornementation est par elle-même très résistante. On peut, par conséquent, se dispenser de recouvrir la pièce terminée d'une couche générale de vernis.

Pyrogravure sur papier

La pyrogravure peut encore être employée avec avantage dans bien d'autres circonstances. Signalons entre autres l'ornementation des cartes postales tant en faveur.

Sur les cartes à surface lisse, satinée, la pointe glisse bien un peu ; il vaut mieux employer le pyropinceau avec lequel on fait de charmants dessins, les ombres se fondant parfaitement, on obtient une douceur, un velouté incomparables. Les cartes dont la surface est un peu grenue conviennent mieux à la pointe universelle ou la pointe fine.

On obtient un effet très original avec les cartes recouvertes d'une peau très mince analogue à la peau de gant, collée sur le papier à l'aide d'une colle adhésive quelconque sans faire de bosses ni de plis, et séchée ensuite sous la presse.

C'est sur la surface de cette peau que l'on travaille, exactement comme sur du cuir ordinaire ; la pyrogravure peut encore être enjolivée de peintures à l'aquarelle, ou à la gouache. Comme il existe des peaux de toutes nuances, et que les cartes ainsi doublées ne se trouvent pas dans le commerce, ce qui oblige l'amateur à les préparer lui-même, il sera bon de remarquer qu'il ne faudra pas employer les peaux parfaitement blanches, car les matières employées pour préparer ces peaux peuvent nuire à l'intégrité de la pointe de platine et l'endommager gravement.

CHAPITRE VI

LE MOULAGE D'AMATEUR

Les opérations du moulage, de même que la pyrogravure, n'exigent pas essentiellement la connaissance de l'art du dessin, mais si elles ne réclament pas comme par exemple le modelage, un apprentissage préalable assez long, il ne faut pas moins reconnaître qu'elles demandent du soin et de l'adresse si l'on veut parfaitement les réussir. Comme elles constituent un travail d'agrément auquel un amateur peut se livrer avant d'entreprendre des opérations plus compliquées, nous consacrerons donc un chapitre succinct à la pratique de ce genre d'ouvrage.

Remarquons en passant que tout homme d'étude ou de science devrait être doublé d'un mouleur. Si, pour l'amateur, le moulage n'est qu'un agréable passe-temps, pour le chercheur et l'étudiant, c'est un travail d'une incontestable utilité. On est souvent embarrassé pour faire soi-même la reproduction d'un objet : médaille, plante, pièce anatomique, etc., tandis qu'il suffirait de quelques connaissances pratiques et d'un peu de soin pour effectuer ce travail sans recourir aux professionnels, ce qui est parfois difficile, et dans tous les cas, la cause d'une certaine dépense. D'ailleurs, en dehors du côté purement scientifique et utilitaire, il y a, dans le moulage habilement pratiqué, une récréation agréable, et l'on peut, tout en se distrayant, se constituer un véritable petit musée d'objets rares ou curieux dont on fait d'exactes reproductions, ou encore se monter une collection utile pour l'étude du dessin ou de l'anatomie en moulant un pied, une main, ou en faisant la copie d'un objet quelconque : médaillon, camée, bas-reliefs, etc.

Outillage pour le moulage

Les outils qui sont nécessaires au mouleur forment la liste que voici :

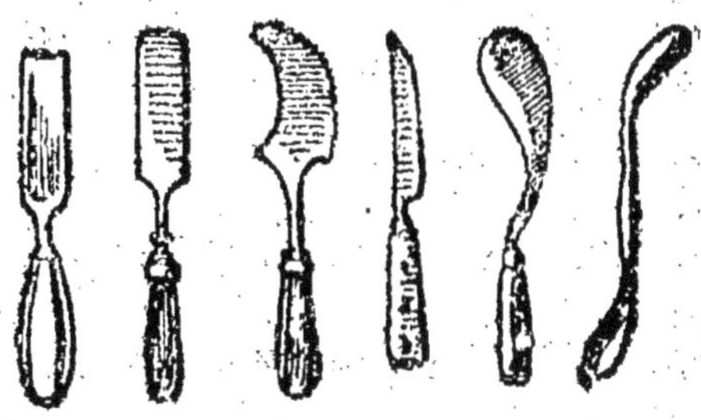

Fig. 65. — Outils pour le moulage du plâtre

1° Quelques ripes analogues à celles qu'on utilise pour modeler la cire ;

2° Plusieurs spatules de différentes grandeurs, en fer et en bronze, pour le plâtre ;

3° Un fermoir, sorte de ciseau plat encastré dans un manche de bois ;

4° Un couteau à pointe aiguë, mince et bien tranchant ;

5° Une gouge plate ;

6° Une série de grattoirs pour arrondir, gratter les coutures des moules et épanneler ;

7° Deux ou trois terrines en terre vernissée de différentes grandeurs ;

8° Deux ou trois assiettes creuses ordinaires, en faïence commune ;

9° Une petite soucoupe en cuivre, mince et flexible, pour gâcher une pincée de plâtre ;

10° Quelques brosses et pinceaux de diverses grosseurs, les brosses, les unes rondes, les autres plates, les pinceaux en blaireau, allongés, ronds et plats ;

11° Un flacon d'huile d'olive, à large ouverture ;

Enfin, et comme matières propres au travail entrepris, une provision de plâtre fin dans une boîte de fer blanc fermant bien du talc, un peu d'ocre rouge et du savon noir liquide, ce dernier obtenu en faisant cuire sans le faire bouillir du savon noir dans un récipient en terre vernissée et en ajoutant de l'eau. Il doit couler comme de l'eau ; plus épais, il empâterait les plâtres sur lesquels on l'emploierait.

Gâchage du plâtre

Pour bien gâcher le plâtre, c'est-à-dire pour en faire une pâte bien liante à laquelle est incorporée la quantité d'eau juste convenable, il faut verser dans un récipient de la grandeur voulue : une assiette creuse ou une terrine plutôt qu'une sébile de bois, de l'eau à peu près jusqu'à la moitié. On saupoudre ensuite cette eau à la main, en le semant bien également à la surface du liqui-

Fig. 66 et 67. — Assiette et terrine pour le moulage du plâtre

de. Quand il y a du plâtre jusqu'à surface d'eau, on attend une demi-minute et on bat vigoureusement le mélange, comme on battrait des œufs à la neige ou une omelette, jusqu'à consistance d'une crème épaisse sans qu'il reste un seul grumeau ou la moindre bulle d'air. Le plâtre est alors bon à employer.

Moulage d'un médaillon

Voici un exemple de la manière suivant laquelle il convient de procéder pour mouler un petit objet tel qu'une médaille, un camée ou un objet modelé en cire.

On trempe un pinceau dans le savon liquide ou l'huile d'olive bien fluide, et on enduit le médaillon de cette substance, en même temps que le fond sur lequel l'objet repose. Il faut éviter de mettre trop d'huile car l'épreuve en plâtre deviendrait flone. Le modèle doit être seulement rendu luisant par l'huile, et comme verni. Tant que l'on n'aura pas une grande habitude du maniement du plâtre, il sera bon d'employer des bandes de zinc minces, larges de 3 à 5 centimètres ; une de ces bandes doit être posée en cercle, de manière à former autour de la cire une sorte de petit bassin circulaire de la grandeur que doit avoir la circonférence du médaillon ; ou bien si, au lieu d'être rond, il doit être carré, il faut plier les bandes de zinc en carré, les entourer d'une ficelle nouée, et appliquer en dehors des bandes quelques boulettes de cire molle ou de terre aplaties avec un ébauchoir contre les bandes, afin d'empêcher les bandes de se déplacer et le plâtre gâché de glisser par-dessous ; l'intérieur de ces bandes sera frotté aussi avec le pinceau huilé.

Le tout ainsi préparé, versez dans une des terrines ou dans l'assiette creuse de l'eau bien propre, en quantité suffisante. Dans cette eau faites tomber doucement le plâtre que vous prendrez dans la boîte en fer-blanc, soit avec la main, soit avec une cuiller. Si par places il dépasse le niveau de l'eau, attendez qu'il en soit saturé, et aussitôt, avec une des grandes spatules, remuez lentement jusqu'à ce que le plâtre soit bien délayé et qu'il n'y ait pas de grumeaux. Prenez une des brosses trempée légèrement dans l'eau pure et aspergez le médaillon, de façon à y faire tomber quelques gouttelettes d'eau. Remuez doucement encore le plâtre, qu'il soit alors comme une crème épaisse, et avec la grande spatule, ou mieux une cuiller, versez du plâtre sur le milieu du médaillon, puis une nouvelle cuillerée sur le plâtre déjà versé, et ainsi de suite en avançant toujours vers les bords. Lorsque toute la surface du médaillon est couverte de plâtre, frappez doucement à petits coups sur la selle sur laquelle vous travaillez, pour tasser le plâtre et en faire sortir les bulles d'air qui pourraient s'y être formées ; puis ajoutez encore du plâtre en quantité suffisante pour obtenir une épaisseur convenable, soit avec la cuiller, soit avec le vase dans lequel vous avez gâché le plâtre. Même pour cette opération si facile, il y a un certain tour de main qu'il faut acquérir. On ne doit pas trop se hâter ; on ne doit pas non plus y mettre de lenteur, car le plâtre n'attend pas ; il arrive parfois « qu'il prend », c'est-à-dire s'épaissit, avant que vous ayez terminé votre opération. Cela peut tenir à plusieurs causes : à la nature du plâtre, à sa préparation par le chaufournier, à la manière dont il a été gâché, car, trop clair, c'est-à-dire avec trop d'eau (les mouleurs disent qu'il est *noyé*), il est long à prendre et reste mou, à peu près comme du blanc d'Espagne ; gâché *trop serré,* autrement dit avec trop peu d'eau, il prend vite et devient très dur. Un peu d'expérience est donc nécessaire ; c'est pourquoi il est utile de faire quelques essais préparatoires pour acquérir l'habileté voulue, ces essais portant sur le moulage d'objets insignifiants et sans valeur.

Préparation d'une empreinte ou estampage

Cette opération consiste à presser une masse de cire sur un objet dur. La cire pressée conservera en creux les reliefs de l'objet et en relief les creux ; c'est dire que vous aurez dans votre cire tout le contraire de l'objet ou, mieux encore, en quelque sorte, un cliché négatif.

Si dans cette cire vous coulez du plâtre et si, celui-ci une fois durci, vous enlevez la cire, votre plâtre est la reproduction exacte de l'objet. Mais pour cela il faut réussir les deux opérations.

Si le lecteur veut bien nous suivre attentivement et opérer comme nous allons l'indiquer, il sera à même, après deux ou trois essais, de réussir presque aussi bien que le mouleur de profession.

Commençons par une pièce de 5 francs en argent ou une médaille quelconque. On prend une boulette de cire de la grosseur d'une forte noix, on la pétrit entre les doigts, on l'écrase un peu, on lisse bien une face avec le pouce ou la paume de la main légèrement humectée sur une éponge, puis, au moyen du blaireau, on saupoudre légèrement un peu de talc, et il ne reste plus, sur la cire ainsi que sur la pièce, qu'une légère teinte blanchâtre : c'est tout ce qu'il en faut pour empêcher l'adhérence des deux corps. Etant posée sur la pièce au moyen d'une pression lente et continue, mais d'un seul coup, la cire s'est affaissée en faisant saillie au pourtour de la pièce. Avec un canif, on coupe l'excès de cire qui a dépassé.

Mais voici que la pièce n'a plus aucune prise ; comment l'enlever ?... Il y a deux moyens. Vous entourez la cire de vos cinq doigts, la pièce en dessous, vos doigts dépassant la cire, vous les frappez sur la table, et quelques petits coups suffisent presque toujours pour faire tomber la pièce. Si elle ne tombe pas, vous avez alors recours à l'autre moyen qui est toujours sûr : vous prenez une petite boulette de cire que vous roulez dans vos doigts, vous appuyez un bout de ce bâton sur la pièce, et comme la cire y adhère, en tirant dessus, la pièce vient avec. Si vous nous avez bien suivi, l'empreinte est certainement réussie.

Il est des objets artistiques, des pièces anatomiques ou autres sujets ayant une forme toute bosse; dans ces cas, on applique sur une face la cire préparée comme il est dit plus haut, puis, la maintenant d'une main, on appuie sur l'autre face une seconde cire en faisant pression jusqu'à ce que les bords des deux cires se joignent. Avant de les enlever, on coupe nettement les bords avec un canif, de façon que la jonction se trouve à peu près au milieu de la coupe, on fait quelques traits perpendiculaires à la jonction et en la traversant (ces traits, faits à l'ongle ou au canif, s'appellent repères). On enlève alors les deux cires et, après les avoir huilées, on vient les rejoindre l'une contre l'autre en observant que les repères se raccordent bien. Ceci fait, il n'y a plus qu'à y couler du plâtre.

Pour les objets de grande surface, on fait avec la cire une galette mince d'un demi-centimètre environ et régulière, on pose cette plaquette sur la surface à estamper et, commençant par un bout, on appuie du bout des doigts sur la cire de façon qu'elle s'enfonce bien partout. Les trous laissés par les doigts indiquent suffisamment les endroits oubliés pour que l'opérateur y revienne et ne laisse aucune partie sans être foulée.

Avant d'enlever la cire, il y a une observation à faire : si l'on tient plus aux détails de l'objet qu'à sa forme, on retire la cire, on la prépare en on l'emplit de plâtre. Si, au contraire, on tient à la forme et aux détails, il faut, avant d'enlever la cire, bien huiler le dos de l'estampage et on y étend une couche de plâtre gâché. On laisse durcir. Alors on enlève ce plâtre, et si la cire vient avec, tout est pour le mieux : mais si le plâtre vient seul, on enlève ensuite la cire avec soin, on pose le dos de l'estampage dans l'intérieur du plâtre que l'on a retiré et qui se nomme *chape* et si la cire s'est un peu déformée en la retirant de l'objet, il est facile, à l'aide de la chape, de lui rendre sa forme réelle.

Moulages industriels

Un grand nombre de pièces de machines sont fondues dans des moules en sable, présentant intérieurement l'empreinte du modèle identique à la pièce à obtenir, et qui est ordinairement fabriqué en bois. On peut, en suivant une méthode analogue, s'amuser à reproduire divers objets massifs, tels que des fruits, des flacons, enfin toutes sortes de choses présentant des profils plus ou moins variés.

Supposons que l'on veuille reproduire par

exemple une lampe à incandescence qui affecte, comme on sait, la forme d'une poire, on procédera comme suit :

On prend ou on fabrique une boîte cubique en carton, on badigeonne sa surface intérieure avec de l'huile pour empêcher l'adhérence du plâtre une fois sec aux parois, on trace avec un crayon une ligne verticale sur deux faces contiguëes du cube et on le coupe exactement en deux parties à moitié de la hauteur. On gâche son plâtre ainsi qu'il a été expliqué et on en verse dans l'un des morceaux de la boîte, sur une épaisseur de deux à trois centimètres. Sur ce plâtre, on couche horizontalement la lampe, soigneusement huilée sur toute sa surface, et on achève de remplir la demi-boîte jusqu'au ras du bord. On attend que le plâtre ait fait prise et soit bien sec, puis on égalise soigneusement la surface en la grattant avec un couteau, et on la savonne avec un pinceau. Cela fait, on passe à l'autre moitié du moule : on verse la pâte gâchée dans l'autre partie de la boîte et on en coiffe l'ampoule de cristal qui dépasse. Le plâtre en excédent s'échappe par les côtés à mesure que l'on opère la pression sur la boîte, ce qui oblige la pâte à s'appliquer sur toute la surface de l'objet, et on enlève cet excédent avec une lame de couteau. On laisse prendre et sécher le plâtre, puis on décolle les deux parties du moule entre lesquelles on a pu intercaler pour plus de sécurité une feuille de papier huilé découpée suivant le contour de la poire de cristal. On détache ensuite celle-ci de l'autre moitié de la boîte et du lit de plâtre où elle a creusé son empreinte et l'on a, en définitive, deux blocs de plâtre pouvant se juxtaposer par leurs faces et reproduisant exactement en creux le relief de l'objet qui s'y est moulé.

Pour avoir une épreuve de cet objet, à l'aide du moule ainsi préparé, on pratique une ouverture assez grande, dans un côté de la boîte avec une mèche de vilebrequin, puis un petit trou à côté du grand pour servir d'évent et permettre aux bulles d'air de s'échapper. Ces trous sont forés jusqu'au vide central qui est soigneusement savonné ou huilé. Comme on ne saurait, dans ce moule en plâtre couler du métal en fusion, on peut se borner à le remplir avec du plâtre que l'on teinte en le mélangeant d'un peu d'ocre jaune ou rouge pendant le gâchage. Ce plâtre est introduit dans le moule par l'ouverture dont nous avons parlé, et il doit être assez fluide pour couler aisément et remplir toute la cavité intérieure. Quand on juge que ce vide est comblé, on laisse à la prise le temps de s'effectuer, puis lorsqu'on pense qu'elle s'est opérée, on sépare les deux parties du moule l'une de l'autre et on peut retirer l'épreuve qui reproduit tous les contours de l'original.

Cet exemple donne une idée de la manière dont il faut procéder pour mouler des objets en relief et en tirer ensuite une exacte reproduction, non plus inverse, comme lorsqu'on se borne à verser du plâtre gâché sur un original, mais identique dans tous ses contours. Si l'on voulait avoir une épreuve en métal, il faudrait employer non pas du plâtre, mais du sable de fonderie et une boîte en bois, non en carton.

Lorsqu'on veut entreprendre le moulage de pièces plus compliquées qu'un flacon, un fruit ou un objet ne présentant pas d'angles rentrants, il faudrait diviser le moule en un nombre plus ou moins grand de sections bien repérées, mais alors le travail devient plus difficile et exige une expérience qui ne s'acquiert qu'à la suite d'un apprentissage forcément assez long.

Nettoyage et coloration des objets en plâtre

Pour nettoyer les plâtres salis par la poussière et leur rendre leur aspect primitif, il faut les saupoudrer de plâtre sec qu'on étend avec un pinceau dans toutes les cavités. Afin d'éviter au plâtre le désagrément d'une salissure qu'amène toujours le temps, on peut, sur une épreuve bien sèche, passer quelques gouttes d'huile grasse qui lui donne une teinte analogue à celle du papier de Chine sur lequel se tirent les belles épreuves de gravures. Une fois cette qualité acquise aux plâtres, la poussière n'a nulle action sur eux.

La meilleure façon de colorer le plâtre est de lui donner cette teinte soufrée dont l'aspect est si doux à l'œil, et dont la nuance harmonieuse et fine fait valoir l'épreuve qui en est revêtue.

Pour en arriver là, il suffit de mélanger un peu d'ocre dans le plâtre dont on doit se servir pour le moulage. On doit l'y mêler quand il est sec et ne pas en être prodigue. Comme on ne peut pas indiquer la quantité très minime qu'il faut mettre, le seul moyen de remédier au manque d'habitude, c'est de faire des essais en mouillant le plâtre mélangé d'ocre et le laissant sécher, afin de s'assurer de la légèreté du ton qui doit être employé. Pour certaines choses, la teinte un peu rougeâtre devant mieux faire que la teinte safranée, on peut en varier les nuances comme on le désire en employant l'ocre jaune ou l'ocre rouge mélangés de manière à produire tous les tons gradués entre le jaune soufre et le rouge brique.

Pour faire sécher presque instantanément un peu de plâtre coloré et s'assurer du degré de force de la couleur, il suffit de le poser sur un pain de blanc d'Espagne ; la dessication a lieu immédiatement.

Dorure, argenture, bronzage du plâtre

On arrive très facilement à obtenir l'imitation de tous les genres de bronze sur le plâtre en s'y prenant ainsi :

Pour imiter le bronze vert, on prépare le plâtre avec du jaune de chrome et du bleu de Prusse délayés à l'huile ; il faut passer ensuite les poudres d'or faux (appelées bronze jaune) qu'on étend avec le pinceau. S'il s'agit de bronze antique, le plâtre doit être préparé avec une couche d'huile grasse, mélangée de terre de Sienne brûlée ; après quoi il faut laisser sécher quelque peu, et ensuite appliquer de la mine de plomb et du vert émeraude broyé à l'huile : un peu de cobalt et de vert émeraude mélangés doivent être étendus dans les parties creuses.

Pour le dorer ou l'argenter, on doit d'abord le préparer avec deux ou trois couches d'huile grasse mélangée d'un peu de vermillon, et, lorsque le plâtre a perdu sa quantité absorbante, l'enduire d'un mordant à dorer qu'on passe également partout avec un pinceau.

Lorsqu'il ne s'agit plus que d'étendre l'or ou l'argent en feuilles, voici comment il convient de s'y prendre, en ayant soin de se munir d'abord des objets nécessaires, c'est-à-dire d'un coussin à dorer et d'un couteau destiné à cet usage :

Il faut renverser le livre qui contient soit les feuilles d'or, soit celles d'argent sur le coussin ; lorsque la feuille dont on va se servir s'y trouve posée, on la divise en portions égales avec le couteau, puis, avec un petit pinceau plat ou légèrement enduit de pommade, on applique sa feuille sur le plâtre, en ayant soin de l'appuyer un peu avec du coton, et l'on continue ainsi jusqu'à la fin de l'opération, en unissant les unes contre les autres toutes les petites fractions de feuilles dorées ou argentées qui sont nécessaires pour couvrir entièrement le plâtre. Ainsi préparée, une épreuve peut se conserver longtemps sans nulle altération.

CHAPITRE VII

VANNERIE ET CORDERIE

La vannerie est un ouvrage qui peut s'effectuer sans trop de difficultés et qui ne demande aucun outillage pour son exécution. Nous donnerons dans ce chapitre l'explication des méthodes qu'il convient d'adopter pour fabriquer différents petits objets en osier et en rotin filé. La première chose qu'il faut savoir reproduire est la claie ; on peut, quand on réussit parfaitement l'entrelacement des brins d'osier, entreprendre la fabrication des paniers de diverses formes.

Fabrication d'une claie

Une claie est une sorte de tissu d'osier à mailles larges, servant à divers usages, nolamment à tamiser la terre ou le sable, à faire égoutter le fromage, etc. Pour faire une claie rectangulaire, on prendra une branche d'osier ou de saule de 1 m. 30 à 1 m. 50 de longueur que l'on courbera de manière à en faire une espèce de carré devant servir de cadre à la claie. Les deux extrémités de cette branche sont taillées en biseau, rapprochées l'une de l'autre et réunies par une torsade serrée faite avec un brin d'osier qu'on enroule en spires se chevauchant les unes les autres et que l'on arrête par un nœud dit d'*empile*, semblable à celui qui est employé par les pêcheurs pour fixer l'hameçon à l'extrémité du crin de la ligne.

Cela fait, on prend une deuxième branche d'osier aussi longue que la première, et après en avoir roulé le commencement autour d'un côté du cadre, on la tend parallèlement à ce côté, on l'enroule autour du côté opposé puis on la ramène au premier, et ainsi de suite sur toute la largeur du carré et jusqu'à ce que celui-ci soit barré d'une série de barreaux parallèles écartés de quelques centimètres (2 au plus) l'un de l'autre. L'extrémité de la branche est arrêtée par le même nœud déjà indiqué, dans lequel on introduit, avant de le serrer, le commencement d'une autre branche que l'on replie alors parallèlement à l'autre côté du cadre, et que l'on passe alternativement au-dessus d'un barreau, puis au-dessous du suivant et en croix avec ces barreaux, jusqu'à ce qu'une sorte de quadrillage, laissant des vides réguliers tous de la même grandeur, soit obtenu. L'extrémité de la troisième branche

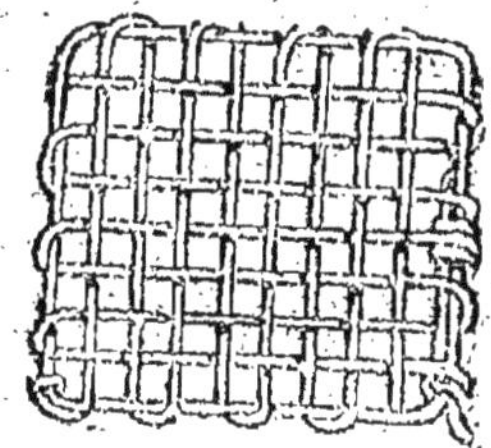

Fig. 68. — Claie carée

est alors arrêtée de la même façon que celle des deux premières et le treillis d'osier est terminé.

Lorsqu'une branche ne se trouve pas assez longue pour former tous les brins du treillis, on l'attache à un côté du cadre par le nœud indiqué ; on prend ensuite une autre branche dont on introduit le commencement dans ce nœud et on continue le tressage avec elle. Le cadre se trouvant remplit par une suite de brins d'osier disposés d'abord parallèlement puis perpendiculairement, on a donc un carré avec des vides réguliers formant de l'objet une espèce de passoire en osier.

Fabrication d'un panier

On prépare d'abord une claie de la façon qui vient d'être décrite ; cette claie servira de fond au panier, puis on passe au travers des brins de ce treillis des baguettes d'osier assez grosses, disposées d'abord en croix puis en diagonale, de manière à avoir huit branches que l'on double et égalise. On pose ensuite la claie sur une table, et on redresse ces baguettes à angle droit, pour leur donner une direction verticale, en ayant soin de laisser à côté l'un de l'autre chacun des brins doubles. Entre ces montants, on passe des brins d'osier, alternativement en dehors puis en dedans et on termine par un entrelacement que l'on croise dans l'intervalle de chaque montant, en ayant soin de rentrer dans les boucles ainsi formées, l'extrémité supérieure de chacun des montants (fig. 69).

Le panier, auquel on pourra donner à volonté une forme quadrangulaire ou carrée plus ou moins haute, peut être muni, si on le veut, d'un couvercle fait d'une claie de la même grandeur que le fond et que l'on attache par des charnières faites de deux

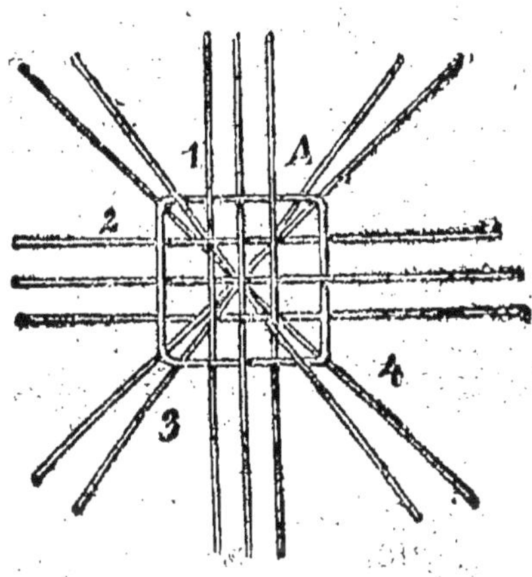

Fig. 69

anneaux d'osier enroulés, d'une part autour de l'un des côtés du cadre, d'autre part au rebord supérieur du panier. Il est bon de porter son attention, pendant le travail, sur le serrage des brins d'osier successifs, afin d'assurer la solidité de l'ouvrage.

Fabrication d'un panier rond

Pour fabriquer un panier de forme ronde, on coupera six branches d'osier d'une longueur d'environ 25 centimètres, que l'on disposera régulièrement comme le montre la fig. 70, de manière à former une espèce

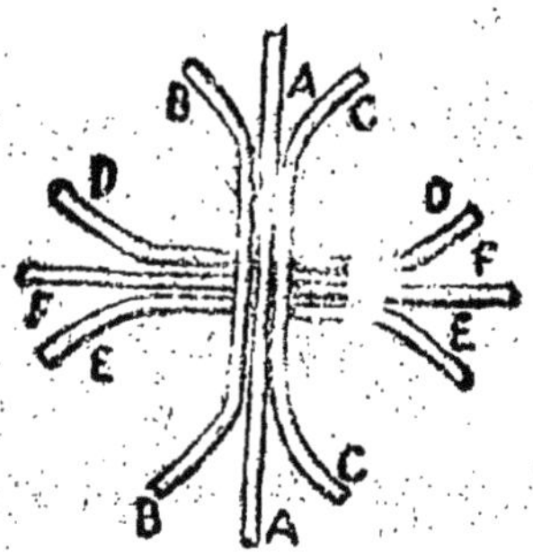

Fig. 70

d'étoile à douze branches. Les baguettes d'osier BB' et CC' seront pliées en deux endroits afin que leurs extrémités s'écartent de la branche AA' qui restera droite ; il en sera de même pour les baguettes DD' et EE. On prendra ensuite une branche d'osier (fig. 71), dont on placera le bout le plus gros dans l'angle formé par les deux baguettes F' et G, de façon à ajouter une nouvelle branche à l'étoile qui aura dès lors un nombre *impair* de branches ou de rayons, puis on fera passer cette tige d'osier sous les trois baguettes BAC ; on la repliera successivement au-dessus de ces mêmes baguettes, au-dessous des branches G, F' D' E', au-dessus des branches C' A' G',

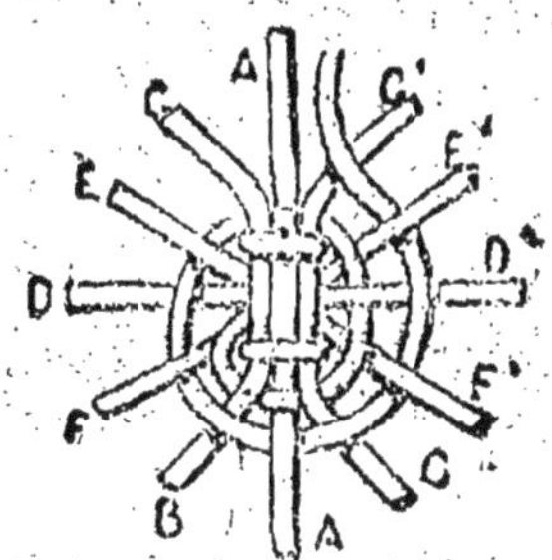

Fig. 71

au-dessous des branches EDF, au-dessus de la branche B, au-dessous de la branche A, et on continuera ainsi à l'entrelacer avec les branches de l'étoile en la faisant passer alternativement au-dessus et au-dessous de ces branches en décrivant une sorte de spirale. Au second tour de cette spirale, on ajoutera à la branche d'osier trois ou quatre menues branches destinées à augmenter l'épaisseur de la partie que l'on entrelace, et à diminuer par suite le nombre des entrelacements. On arrivera ainsi à former le fond du panier. On passera ensuite à travers les mailles de cette sorte de claie circulaire, et de chaque côté des baguettes qui constituent les rayons, une série de branches d'osier, au nombre de 15, 20, 30 ou davantage suivant les dimensions que l'on donne au panier. L'extrémité de ces branches est engagée le plus loin possible vers le centre de la claie de manière à faire corps avec elle, puis ces branches sont redressées verticalement, à angle droit et régulièrement espacées les unes des autres. Cela fait, on exécute la vannerie de la même manière que pour le panier rectangulaire en passant une branche d'osier horizontalement en dessus, puis en dessous de chaque montant vertical, en tassant bien les brins chaque fois que l'on a exécuté une demi-douzaine de rangées. Arrivé en haut du panier, on donne encore quelques coups de maillet pour bien tasser et on coupe bien également tous les montants ou on les replie et on repique leur extrémité, taillée en sifflet pour plus de commodité, sous les brins horizontaux, le long du montant suivant.

Petits ouvrages en rotin filé

On peut fabriquer de nombreux petits objets de vannerie avec cette substance que l'on trouve à prix modéré dans le commerce. Nous donnerons comme exemples un panier à bonbons et un rond de serviette ; l'amateur pourra ensuite, d'après les principes exposés, combiner toute sorte d'autres modèles de fantaisie.

On se procure du rotin de deux grosseurs : de la fibre n° 1 pour le tressage et du rotin filé n° 3 plus gros, pour la carcasse. On commence par couper huit bouts n° 3, de 35 à 40 centimètres de long, et un bout de 25 centimètres, on les redresse s'ils sont courbés et on les met tremper dans l'eau froide pendant au moins deux ou trois heures, en même temps que la fibre, afin de donner à la matière toute la souplesse nécessaire et faciliter sa torsion. Après ce temps de trempage, on retire les brins de l'eau, on les égoutte, et on les met en œuvre sans leur donner le temps de sécher. Pour cela, on dispose côte à côte sur une table quatre gros brins de 40 centimètres, puis au-dessus d'eux et en croix quatre autres brins. On maintient cet assemblage entre le pouce et l'index de la main gauche, et on le consolide à l'aide d'un brin fin que l'on passe autour des côtes et en diagonale. Quand l'attache est solide et que les huit côtes sont réunies d'une manière bien rigide, on continue le remplissage du fond du panier en passant le brin alternativement au-dessus et au-dessous de chaque côte, jusqu'à ce qu'on soit arrivé à faire un espèce de plateau mesurant 10 centimètres environ de diamètre.

On rebrousse alors les côtes servant de montants et on les redresse verticalement en les réunissant provisoirement à leur extrémité supérieure par un anneau de caoutchouc ou une ficelle, en ayant soin de les répartir à égale distance les uns des autres. Cela fait, avec des brins de rotin blanc, colorés ou vernis, on exécute la vannerie du corps du panier exactement comme si l'on travaillait avec de l'osier, comme dans l'exemple du panier rond que nous avons donné. Les côtes formant la carcasse mesurent environ 15 centimètres de hauteur ; on arrête la vannerie quand on est arrivé à un centimètre de leur extrémité supérieure. On termine en recourbant l'extrémité de chaque côte, que l'on taille en biseau pour plus de commodité, et que l'on enfonce dans le dernier tour en les croisant deux à deux à la façon des arceaux de jardinier.

On pourra compléter ce panier par une anse que l'on fera avec trois ou quatre brins n° 3 juxtaposés et repliés suivant la forme d'un étrier, et dont les bouts seront engagés entre les brins composant la claie du fond, et ce, dès le début du travail. Les deux côtés latéraux de cette anse se trouveront donc noyés dans la vannerie même, ce qui assurera leur solidité. Quand elle sera mise en place, on enroulera en spires serrées un brin de rotin tout autour de la partie libre de l'anse, de manière à constituer un tout compact. Les bouts du brin sont arrêtés en les faisant passer dans une des spires de l'enroulement et entre les côtes de la carcasse. Au lieu de rotin, on peut encore employer un ruban de soie étroit.

Si l'on veut que ce panier puisse se fermer, on fait un couvercle plat ou légèrement bombé, en procédant exactement de la même façon qu'il a été expliqué pour le fond. On prépare une étoile en rotin n° 3 et on exécute la vannerie en travaillant depuis le centre jusqu'à l'extérieur. Ce couvercle pourra être ensuite rattaché à l'anse à l'aide d'un anneau de rotin servant de charnière et fait de deux pièces enroulées l'une par dessus l'autre perpendiculairement, les bouts du brin extérieur étant dissimulés entre deux spires contiguëes.

Pour exécuter le rond de serviette, on prendra d'abord un rouleau de carton de cinq centimètres de diamètre environ, tel qu'on en emploie pour l'expédition des journaux illustrés, et l'on applique autour de lui, en les espaçant régulièrement, dix-neuf brins de rotin filé. Il faut un nombre impair de côtes semblables afin que le brin qui passera au-dessus de chacune d'elles, soit obligé de passer en dessous au tour suivant. La longueur de ces côtes doit être de dix à douze centimètres. Quand on les a bien égalisées et espacées, on les assemble par une solide ligature en ficelle qui les maintient appliquées sur le rouleau et commence la vannerie. Ce travail s'exécute avec de la fibre de couleur et vernie. On passe chacun des brins alternativement au-dessus et au-dessous de chaque côte en les serrant bien quand on a exécuté plusieurs tours superposés. Quand la vannerie a atteint une largeur de 6 à 7 centimètres, on enlève la ficelle et on retire le rouleau ayant servi de moule. Pour achever ensuite le rond, on fait deux bordures avec les extrémités des côtes que l'on recourbe en demi-cercle avec le doigt et que l'on pique, non pas le long de la côte voisine, mais de deux en deux, comme les arceaux servant de bordure aux plates-bandes de jardins. Ce finissage réclame une certaine attention pour que les festons aient tous une courbure égale, mais il est facile de rectifier ceux qui sont défectueux.

On garnit intérieurement cet anneau en vannerie d'un ruban de soie ou de satin, et non de velours, car cette espèce de tissu empêcherait le glissement de la serviette ; enfin, au cas où, au lieu de fibre de rotin vernie, on se serait servi de fibre commune, on pourrait, pour donner meilleur aspect à l'ouvrage, le peindre extérieurement avec une peinture laquée quelconque, ou encore le vernir ou le dorer. Ce travail et tous ceux que nous pourrions encore indiquer demandent évidemment une certaine habileté manuelle et quelque goût, mais ce sont là des qualités qu'il est facile d'acquérir en peu de temps, à la condition d'avoir un peu de patience et d'attention.

Fabrication des paillassons

Les paillassons servent à recouvrir les couches et les espaliers afin de les garantir contre la gelée, à envelopper les bouteilles pour les préserver des chocs, à recouvrir le vitrage des serres pour tempérer l'ardeur des rayons du soleil, etc. On emploie trois procédés pour les fabriquer. Dans le premier, on commence par prendre des brins de paille longs, que l'on dispose parallèlement les uns à côté des autres, et avec lesquels on forme une série de paquets tous de la même grosseur. On prépare ensuite quatre ficelles que l'on double et on marque le milieu de leur longueur en y faisant un nœud ; cela fait, on prend l'un des paquets de paille et on le lie avec l'une des ficelles, à peu de distance de l'une de ses extrémités. On prend un deuxième paquet que l'on place à côté du premier et dont on lie aussi le bout, de manière que ces deux paquets se trouvent aussi près que possible l'un de l'autre. On continue alors avec un troisième, un quatrième faisceau de brins de paille et ainsi de suite jusqu'à dix ou douze. On lie alors tous ces bottillons les uns aux autres, en procédant de la même façon au tiers et aux deux tiers de leur longueur, puis enfin à leur extrémité inférieure, et on obtient une natte semblable à celle représentée fig. 72.

Dans la deuxième méthode, les liens sont faits, non avec de la ficelle, mais avec du fil de fer recuit. On prend un bâton de section carrée et de 80 centimètres environ de longueur, dont on taille les deux bouts en bi-

Fig. 72

seau. On prépare une série de bottillons de paille exactement de la longueur du bâton et tous de la même grosseur, et on les relie l'un après l'autre à cette baguette au moyen du fil de fer que l'on tord, d'abord autour du bois, ensuite autour de chaque bottillon. Il y a trois liens : un au milieu, les deux autres à cinq centimètres des extrémités, comme le montre la figure 73. Quand on a donné une longueur de deux ou trois mètres au paillasson, on le termine en l'arrêtant sur une deuxième tige de bois, et en régularisant aux ciseaux les bottillons afin que les brins de paille les composant aient tous la même longueur.

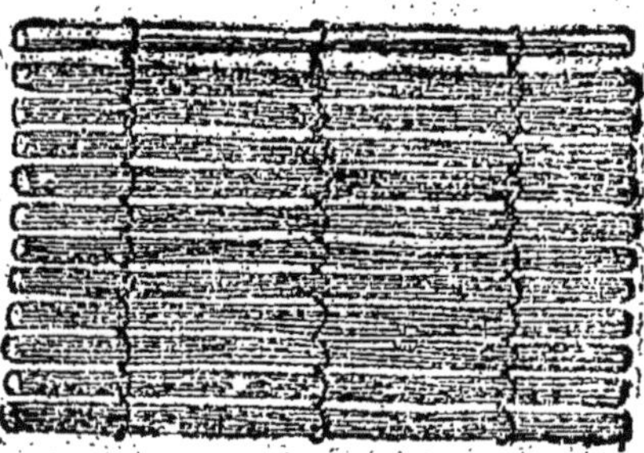

Fig. 73

Les paillassons peuvent encore être fabriqués par le procédé du tressage. Pour cela, on prend des brins de paille de toute leur longueur, préalablement humectés d'eau ou, ce qui est mieux, conservés dans une cave ou un endroit humide. Ces brins sont divisés en trois bottelettes contenant autant que possible chacune le même nombre de brins pour avoir la même grosseur. On associe ensemble ces trois bottelettes par une ligature en ficelle bien serrée que l'on attache à un clou fiché dans le mur, et on les tresse en passant alternativement chaque paquet de brins au-dessus puis au-dessous des deux autres comme montre la fig. 74. En serrant fort les brins pendant le travail, on obtient une tresse solide dont on lie l'extrémité inférieure, de la même manière que l'extrémité supérieure.

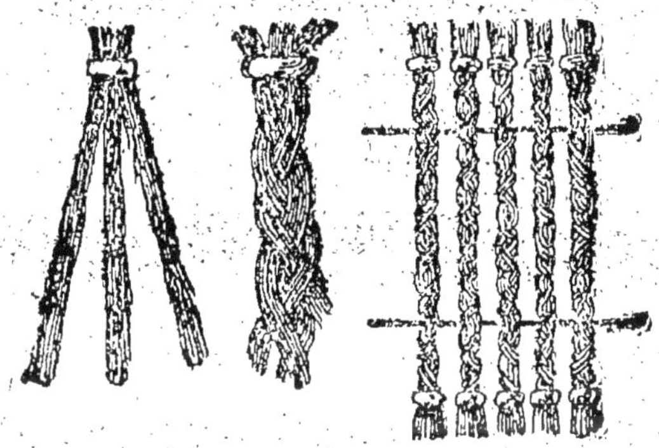

Fig. 74, 75 et 76

Cette tresse peut être faite aussi longue qu'on le désire et qu'il est nécessaire. On n'aura qu'à ajouter au bout de chaque bottelette de nouveaux brins de paille, en ayant soin de faire pénétrer l'extrémité supérieure de la bottelette que l'on ajoute dans la partie inférieure de la bottelette déjà tressée.

Avec plusieurs tresses de ce genre disposées côte à côte et cousues ensemble à l'aide de ficelle ou de fil de fer qu'on passe à travers les tresses, perpendiculairement à leur longueur comme l'indique la figure 76, on arrive à fabriquer des paillassons ou des tapis pour différents usages. En enroulant ces tresses et en les cousant ensemble, on pourra fabriquer des tapis ronds comme les maçons en mettent entre les pierres de taille qu'ils transportent, pour éviter que ces pierres ne s'écornent ou se brisent en se heurtant l'une contre l'autre pendant le transport. Enfin, en roulant ces tresses de paille non plus à plat, mais en spirales superposées, on peut former de petites corbeilles plus ou moins grandes et même des ruches à abeilles.

Travaux de corderie. — Nœuds

Un travail qui se rapproche des précédents et peut se ranger dans la même catégorie, est la corderie, par laquelle on peut exécuter divers petits ouvrages en fil ou en ficelle plus ou moins grosse, tels que bourses, sacs, filets de toute espèce. Mais avant d'entreprendre ces travaux, il est nécessaire de connaître les diverses variétés de nœuds dont il est fait usage à tout instant, et c'est pourquoi nous les passerons en revue ici en nous aidant du dessin pour nous faire mieux comprendre. La confection des nœuds donne lieu, d'ailleurs, à une série d'exercices très utiles et qu'il est bon de connaître exactement.

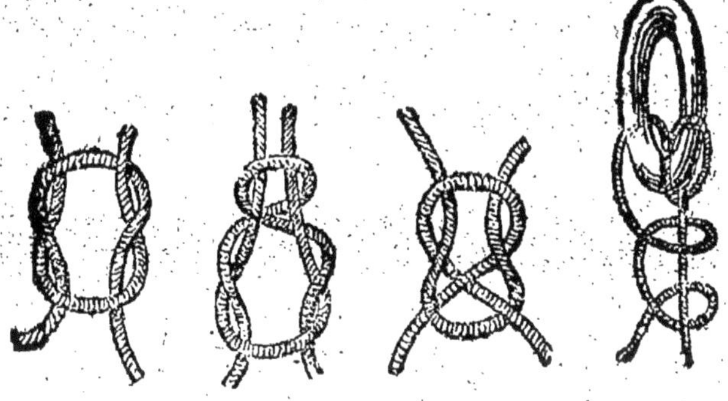

Fig. 77, 78, 79 et 80

Le nœud *droit* ou *plat* (fig. 77) s'exécute comme suit : on forme une boucle B avec l'extrémité de l'une des deux cordes que l'on veut réunir. On prend le bout F de l'autre corde, on l'engage dans la boucle B et on l'en fait ensuite sortir comme le montre le dessin. On a ainsi deux boucles semblables, disposées en sens inverse et entrant l'une dans l'autre : il ne reste plus qu'à tirer ces deux boucles en sens inverse en tenant les deux brins E F et G H pour serrer le nœud. Le même résultat est atteint en enlaçant les deux cordes suivant les différentes méthodes représentées par les fig. 78 et 79.

Le *nœud de marine* ou de *reverbère,* qui permet d'attacher une corde à un anneau ou à un pieu fiché dans le sol s'exécute de différentes façons que représentent les figures 80

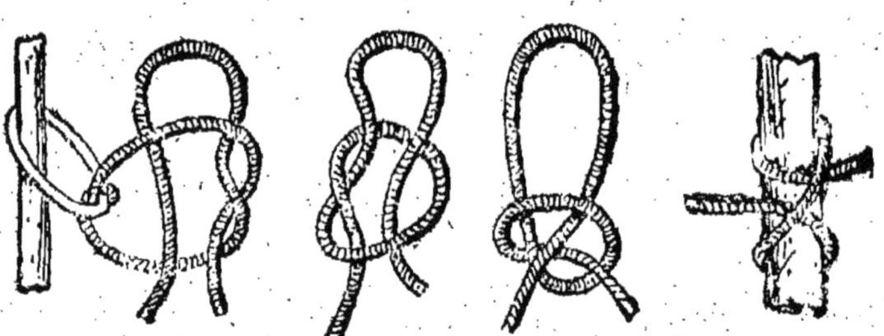

Fig. 81, 82, 83 et 84

et 81, et qui ont encore de nombreuses autres variantes. Le *nœud coulant* se réalise également à l'aide de méthodes variables et les fig. 82 et 83 en montrent deux des plus usitées. Le nœud dit d'*artificier* qui s'emploie pour attacher les lanières des fouets à leur manche et étrangler la gorge des cartouches est représenté fig. 84 et 85.

Pour raccourcir une corde sans la couper, on l'entrelace comme dans la fig. 85. Pour relier deux pièces de bois placées dans le prolongement l'une de l'autre, on procède

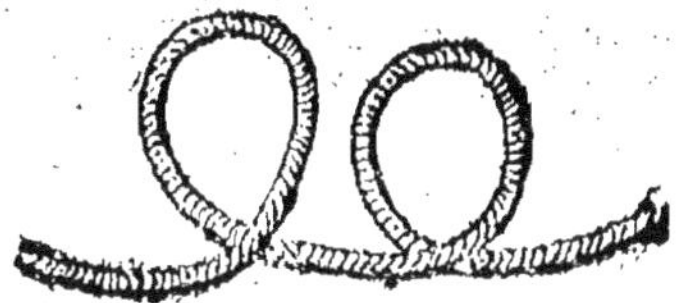

Fig. 85

comme dans la fig. 87, à l'aide du nœud dit d'*empile*. On double, à cet effet, une corde vers l'une de ses extrémités, de façon à faire une boucle que l'on applique le long

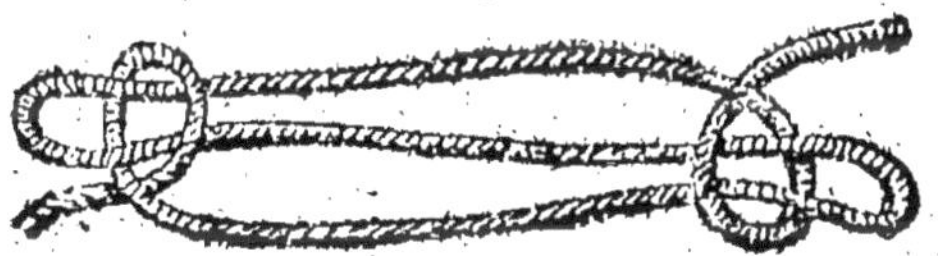

Fig. 86

des deux morceaux de bois que l'on veut réunir. On maintient cette boucle avec l'index de la main gauche, et on enroule le brin le plus long en allant de droite à gauche pour exécuter une torsade serrée. Arrivé à une certaine distance, quand on estime le nombre de tours de ficelle et l'étendue de la torsade suffisants, on passe l'extrémité de la ficelle dans la boucle qui dépasse encore, puis on tire fortement les deux brins de manière à obliger la boucle et le bout de ficelle restant libre à s'engager sous la torsade.

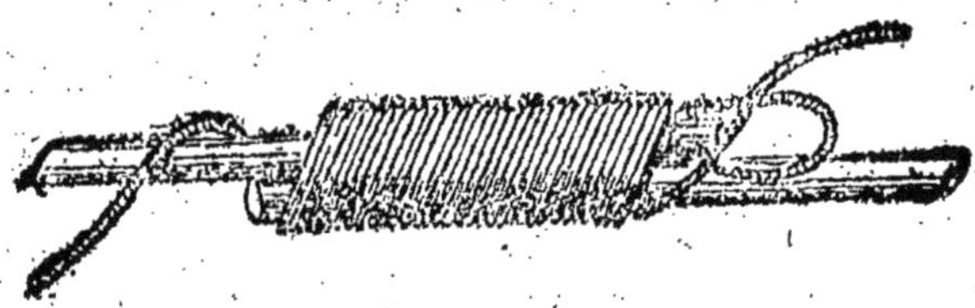

Fig. 87

Il existe encore de nombreuses variétés de nœuds employés dans différents corps de métier, mais l'exiguïté de notre format nous oblige à nous limiter aux types les plus usités et dont on a à faire usage le plus fréquemment. Nous en arriverons maintenant aux petits travaux de corderie proprements dits :

Outillage pour la fabrication des filets

Cet outillage est peu compliqué : il se compose d'une aiguille ou *navette*, d'un moule, d'un valet et d'une paire de ciseaux. Les aiguilles sont de deux sortes : l'aiguille *à deux cases* et l'aiguille *à chapelle*. La première est en acier et se compose de trois parties : le corps et deux cases à chaque extrémité. Ces cases ne sont autre chose que les bouts de l'aiguille qui ont été fendus sur une partie de leur longueur ; ils vont d'abord en s'écartant, puis ils se

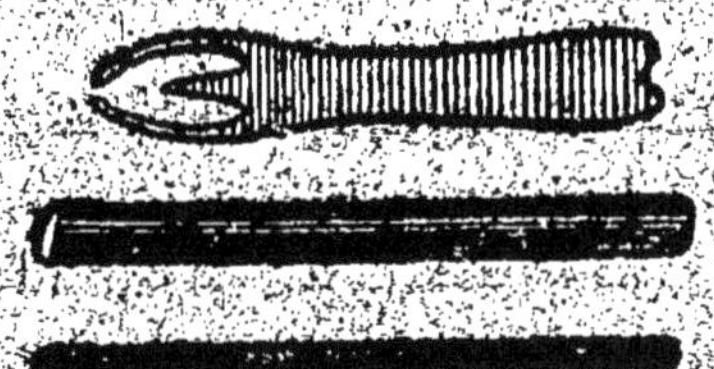

Fig. 88, 89 et 90. — Outils pour la fabrication des filets

rapprochent jusqu'à s'appuyer l'un sur l'autre en formant un ovale allongé. C'est ce modèle qu'on emploie de préférence pour les ouvrages en fil fin et à petites mailles et on en trouve de différentes tailles dans le commerce.

L'aiguille à chapelle se fait en bois ou en métal. Le buis, le frêne, le coudrier sont parmi les plus employés. La pointe en est mousse pour ne pas entrer dans le fil et le diviser ; la chapelle est formée par une entaille à jour qui porte en son milieu un *aiguillon* devant maintenir le fil : son autre extrémité porte une entaille en U ou en V renversé, destinée à recevoir le fil.

Les moules sont des morceaux de bois autour desquels on tourne le fil pour régler la grandeur de la maille. Ils se font ronds ou méplats, de longueur variable suivant le diamètre de la maille et le genre de travail que l'on veut exécuter.

Le valet est un bâton muni d'un crochet à chacune de ses extrémités ; il a pour rôle de forcer les mailles à se présenter d'elles-mêmes vers la navette quand on maille un grand filet. On fait pénétrer l'un de ces deux crochets dans une maille ; l'autre s'appuie sur une corde placée à la portée de la main.

Le choix du fil joue un grand rôle dans la fabrication des filets. Le fil retors est seul employé, mais il est nécessaire, de plus, qu'il ait été filé avec de la filasse très fine et bien rouie. La grosseur de ce fil dépend de l'usage auquel est destiné le filet. On peut retordre soi-même du fil simple, en deux, trois ou quatre brins suivant la force que l'on veut donner à la corde.

Préparation du travail

Les filets ayant des usages multiples, présentent par suite des formes très variées : les uns sont très simples, et par suite faciles à faire, d'autres, plus compliqués, sont plus difficile à conduire. Toutefois, quels que soient leur forme et leur usage, les filets sont composés de mailles qui toutes sont faites par les mêmes moyens. Il suffit donc de comprendre comment se forment ces mailles pour être en état de fabriquer toutes sortes de filets. Ces mailles sont de deux sortes : celles dites *en losange* et celles dites *carrées*. Les unes et les autres étant nouées et arrêtées de la même façon, nous décrirons comment s'exécute le *nœud* de la maille.

Il y a deux manières d'exécuter la maille de filet : sous le pouce ou sous le petit doigt. Dans la première, on attache à un clou un bout de ficelle noué en anneau. On prend l'aiguille à chapelle chargée de fil et on commence en faisant un nœud simple de ce fil sur l'anneau de ficelle, puis on fait une anse de la grandeur que les mailles du filet devront avoir. On prend ensuite, entre le pouce et l'index de la main gauche, les deux bouts du fil ; on laisse descendre le long de la main le fil qui tient l'aiguille et on le rejette par dessus le pouce de la main gauche en lui faisant décrire une courbe par dessus l'anneau de ficelle. Ramenez alors l'aiguille en B et faites-la passer derrière les deux branches de l'anse; faites ensuite pénétrer l'aiguille dans la portion du cercle D, c'est-à-dire en la faisant passer par dessus ce fil. Tenez toujours ferme les deux bouts de fil dans la main gauche, auprès du second nœud fait à l'extrémité du fil, de manière que l'anneau A et l'anse B soient bien tendus. Tirez alors l'aiguille vers vous, en observant que le fil qu'elle entraîne soit auprès et au-dessus du nœud de l'anse B que vous tenez entre le pouce et l'index ; serrez fortement et la première maille se trouvera ainsi fermée, nouée et arrêtée.

Pour que cette première maille soit juste de la même grandeur que les autres qui vont suivre, il faut tourner deux fois le fil autour du moule. On saisit entre le pouce et l'index les deux fils auprès du moule, on enlève celui-ci sans rien déranger et sans lâcher les deux fils qui se tendent, et la main s'éloigne de l'anneau A. On noue ensuite la première maille ainsi qu'il vient d'être dit. On prend ensuite le moule qui doit servir à calibrer les mailles, on le saisit à pleine main de la main gauche, le pouce allongé, on fait passer le fil entre le moule et le pouce, en approchant le plus près possible le moule de la première maille, on passe l'aiguille par dessus le moule et on l'introduit dans l'anneau. Ramenez ensuite le fil sous le pouce et faites décrire au fil une légère courbe ; faites passer l'aiguille sous le moule et pénétrer derrière les deux branches de la deuxième maille et sur celles de la première ; la deuxième maille se trouvera ainsi faite, nouée et arrêtée et de plus liée à l'autre par le fil qui tourne autour du moule. On pourra faire ainsi autant de mailles que l'on voudra suivant la grandeur du filet que l'on confectionne ainsi.

On nouera chaque maille après avoir fait passer le fil entre les deux branches de la maille que l'on veut faire et les deux branches de celle qui la précède. La première rangée se nomme *pigeons* ; elles sont toutes liées l'une à l'autre et constituent une espèce de festons.

Cette manière de mailler sous le pouce est plus spécialement employée pour commencer les filets et pour les réparer. Cependant, lorsque la maille est grande et que, par conséquent, le moule est gros, il est plus facile de le tenir.

Pour mailler *sous le petit doigt*, il faut procéder comme suit : On saisit le moule entre le pouce et l'index, les doigts étendus sans raideur, le moule couché horizontalement contre l'index qui doit excéder un peu le moule pour l'aider à prendre les mailles du rang supérieur. On approche le plus possible de la dernière maille, le moule et passe le fil par dessus, ainsi que sous le pouce, et on le conduit dans la main jusque sous le quatrième doigt, le petit doigt restant libre en dehors. On remonte alors le fil sur le moule, dans la rainure formée entre cet outil et le pouce, en plaçant celui-ci sur le fil pour l'immobiliser et on le conduit à gauche. On lui fait décrire une courbe en passant sur le filet, derrière le moule et les doigts on fait revenir le fil en avant, plus bas que le petit doigt et on passe l'aiguille devant les autres doigts qui doivent légèrement s'écarter pour que cette aiguille puisse passer entre eux et le moule. Dans cette position, l'aiguille se trouve devant les quatre doigts et derrière le moule.

On fait alors pénétrer l'aiguille dans la maille que l'on veut prendre, en la faisant venir de dessous en dessus et prenant soin que les fils de cette maille ne soient pas croisés, ce qui ferait mauvais effet. L'aiguille ayant passé dans la maille, on la tire vers soi, et ce mouvement fait rétrécir l'anneau formé par le fil en frottant contre le petit doigt et l'annulaire, et en même temps il s'échappera également de dessous le pouce. Lorsque la pression se fera sentir sur le quatrième doigt, il faut retirer de l'anneau formé par le fil les trois doigts du milieu de la main, mais le petit doigt ne doit pas quitter l'anneau qu'il tient. Aussitôt que l'index est dégagé, on le ramène de suite en place pour appuyer le fil contre le moule.

On continue de tirer le fil à soi en le maintenant avec le petit doigt ; lorsqu'il sera appliqué contre le moule, on laisse monter l'anneau que tient le petit doigt en le conduisant pendant la durée de sa course. Ce mouvement du fil a souvent besoin d'être aidé, et le petit doigt peut l'amener en place en l'abaissant par secousses et tirant sur le fil que la main droite doit toujours tenir un peu tendu. Cela fait, il ne reste plus qu'à terminer la maille et assurer le nœud. Le petit doigt, devenu seul guide du mouvement, laisse glisser le fil en continuant de le maintenir, ce qui force à approcher le moule le plus près possible. Il faut alors appuyer fortement le fil contre le moule avec l'index pour qu'il ne puisse bouger, et l'on retire alors le petit doigt de l'anneau. On continue à tirer le fil vers soi, et, lorsqu'il est arrivé contre la maille en glissant entre le moule et l'index et que le nœud se trouve formé, on assure celui-ci par un petit coup sec, de manière à bien serrer les fils les uns contre les autres.

Le nœud ordinaire de filet s'exécute en prenant entre le pouce et l'index les deux fils que l'on veut nouer ; on égalise les deux bouts, et formant un anneau autour de l'index avec ces fils, on fait pénétrer dans cet anneau les deux bouts de fil, puis on tire ces bouts jusqu'à ce que le nœud soit bien serré. Toutefois, l'aspect de ce nœud dans la texture d'un filet est assez disgracieux, aussi le remplace-t-on de préférence par un autre, beaucoup plus plat et qui s'exécute de la manière qui va être expliquée :

Avec le bout qui tient au filet, on forme

une boucle ou anse, qu'on saisit entre le pouce et l'index de la main gauche. On prend ensuite le bout du fil roulé sur la navette, on le couche entre le pouce de la main gauche et les deux branches de la boucle, on le fait passer par derrière, entre cette boucle et derrière le fil, en le ramenant en arrière, formant ainsi une boucle. On fait passer ensuite le fil dans cette boucle, ce qui forme une troisième boucle autour du fil, on prend alors les deux branches de ce fil de la main droite, et tenant toujours la la première boucle de la main gauche, on écarte les deux mains.

Si l'on veut exécuter le nœud dit de *tisserand*, qui est encore plus solide et moins gros que les précédents, on prend les deux bouts de fil que l'on veut nouer ensemble, on les dispose en croix entre le pouce et l'index et on forme une boucle en tournant le fil de gauche autour de l'autre que l'on rabat ensuite pour le ployer en deux. En tirant sur le premier fil, la boucle se rapetisse en glissant sur le pouce et elle vient former un nœud très plat en immobilisant l'autre fil.

Fabrication d'un filet rond

Pour confectionner un filet long pouvant faire le sac et contenir un objet sphérique, tel qu'un ballon d'enfant, on fait une première levure en mailles en losange, puis on commence le deuxième rang non sur la dernière maille faite, mais sur la première du premier rang, c'est-à-dire que l'on rapproche la dernière maille de la levure de la première de cette même levure, et l'on continue, toujours en tournant, jusqu'à la fin du filet.

Si le filet rond doit être plus large par un bout que par l'autre, en le supposant commencé dans sa plus grande largeur, il faudra le diminuer en diamètre en l'augmentant en longueur. Pour cela, on divisera le nombre de mailles qui le composent en 2, 3, 4 ou un plus grand nombre encore de parties égales suivant qu'on voudra le faire diminuer plus ou moins vite, et, continuant de mailler, on prendra deux mailles ensemble chaque fois que l'on arrivera aux points de division. Le filet diminuera ainsi de diamètre à chaque tour.

Si, au lieu de le diminuer, on voulait, au

contraire, élargir le filet, l'ayant commencé dans sa plus petite largeur, il faudrait, au point de division, faire des *accrues*, ce qui augmenterait le diamètre à chaque tour.

Filet carré à mailles carrées.

On prend le moule correspondant à ce genre de mailles, on tourne le fil deux fois autour du moule et on le noue en maillant sur le pouce, ainsi qu'il a été expliqué plus haut. On attache cette boucle à un clou, on pose le moule sous cette première maille pour faire la deuxième qui sera la première du deuxième rang, et, sans ôter le moule, on fait la deuxième maille qui sera une *accrue*. On ôte le moule et on le pose sous cette accrue pour faire le troisième rang, et ainsi de suite en ayant soin de terminer chaque rang par une accrue afin que le filet aille en s'élargissant progressivement de rang en rang.

Lorsque le filet sera assez long, c'est-à-dire lorsque le côté aura atteint la grandeur qu'on veut lui donner, le filet étant confectionné à moitié, il ne faut plus faire d'accrues, mais au contraire des *étrécies*, en prenant à la fin de chaque rang, deux mailles ensemble, ce qui fera diminuer la largeur du filet à chaque rangée. On le terminera ensuite par une maille, de la même manière qu'il a été commencé.

FIN

TABLE DES MATIÈRES

Chapitres		Pages
INTRODUCTION		7
I.	Constructions en papier	13
II.	Les Cartonnages	39
III.	Les Encadrements	67
IV.	Brochage et reliure d'amateur	87
V.	La Pyrogravure sur bois et sur cuir	107
VI.	Le Moulage d'amateur	127
VII.	Vannerie et Corderie	147

Grande Imprimerie de Troyes, 126, rue Thiers

EXTRAIT DU CATALOGUE

ROMANS D'AVENTURES

515 516 **W. de Fonvielle.** — Aventures d'un chercheur d'or au Klondike...... 2 v.

517 **Edgar Poë.** — Aventures extraordinaires d'Arthur Gordon Pym................. 1 v.

518 519 — Contes extraordinaires............ 2 v.

520 **Henri Renou.** — Mystères du Grand Chaco.... 1 v.

521 — L'Or du Gambusino.......... 1 v.

522 **Bret-Harte.** — Prisonniers des neiges.......... 1 v.

523 **J. Monti.** — Quand j'étais Bandit.............. 1 v.

524 **A. Beul.** — Mes Aventures à bord et à terre.... 1 v.

G. Guitton-Lerouge. — *La Princesse des airs:*

525 En Ballon dirigeable.............................. 1 v.

526 Les Robinsons de l'Hymalaya.............. 1 v.

527 De Roc en Roc..................................... 1 v.

528 Chez les Bouddhas.............................. 1 v.

W. de Fonvielle. — *Les Aéronautes Français au Transvaal:*

529 En plein ciel.. 1 v.

530 Autour du lac Tchad........................... 1 v.

531 Chez les Boers..................................... 1 v.

Guy-Brand. — *Le Cavalier sans tête :*

532 Maurice le Mustanger......................... 1 v.

533 Lora la Comanche................................ 1 v.

534 La Précaution fatale........................... 1 v.

535 L'Héritage du Flibustier...................... 1 v.

541 **H. Rainaldy.** — Les Aventures d'une Mousmé. 1 v.

542 — Les Mystères de Séoul........ 1 v.

543 544 **L. Greiner.** — La Guerre Russo-Japonaise. 2 v.

546 **Gaston Rayssac.** — Les Pirates Océaniens...... 1 v.

547 — Le Trésor des Incas....... 1 v.

548 — Les Libertadores.......... 1 v.

549 **Noël Amaudru.** — Deborah......................... 1 v.

550 **H. de Graffigny.** — Aventures d'un Aéronaute.. 1 v.

551 — Dix mille kilomètres en ballon. 1 v.

Hector France. — *Un Parisien en Sibérie :*

552 Le Tueur de Cosaques......................... 1 v.

Chez tous les libraires : 0 fr. 20 — Franco-poste : 0 fr. 25

EXTRAIT DU CATALOGUE

ŒUVRES COMIQUES

René Bloud. — *La vie de caserne en rose :*

408 Le Soldat Boustif........................ 1 v.
409 Le Caporal Boustif........................ 1 v.
410 Le Sergent Boustif........................ 1 v.
416 **Paul de Sémant.** — Le Sergent Blache......... 1 v.
417 — Les Farces du P'tit Frick.. 1 v.
418 — Ce Sacré Poilut............ 1 v.
419 — Ce Sacré Foissotte......... 1 v.
420 **Paul Féval fils.** — Un Notaire embêté......... 1 v.
421 **Théodore Cahu.** — Le Régiment des hommes à poil................... 1 v.
422 — Nos farces au Régiment.... 1 v.
423 — L'Amour, il n'y a que ça ... 1 v.
424 **Ch. Bérard.** — Pour rire à deux............... 1 v.
426 427 **Pigault-Lebrun.** — Monsieur Botte.......... 2 v.
428 429 — L'homme à la pièce curieuse. 2 v.
432 **Joseph Montet.** — La Vie fantasque........... 1 v.
433 **D. Chéri.** — La vertu du Mari.................. 1 v.
434 — La vertu de Madame............. 1 v.
435 **Ch. Bérard.** — Les 6 femmes de M. Pingouin.. 1 v.
436 **Jean Soleil.** — La Bicycliste récalcitrante...... 1 v.
437 **Max de Jersey.** — Tertrouille au 41e d'Artillerie. 1 v.
438 — Tertrouille ordonnance...... 1 v.

ROMANS D'AVENTURES

Vincent Huet. — *Au Pays Arabe :*

501 Le Disparu............................ 1 v.
502 Les Cavernes des Hall-el-Oued......... 1 v.
503 504 **G. Guitton-Le Rouge.** — La Conspiration des Milliardaires..... 2 v.
505 506 — A coups de milliards......... 2 v.
507 508 — Le Régiment des hypnotiseurs. 2 v.
509 510 — La Revanche du Vieux-Monde. 2 v.
511 512 **Capitaine Marryat.** — Le Vaisseau Fantôme 2 v.
513 514 — Le Spectre de l'Océan 2 v.

EXTRAIT DU CATALOGUE

MANUELS ET JEUX DE SOCIÉTÉ

801 Mickiewicz. — 100 Tours de cartes faciles...... 1 v.
802 H. de Graffigny. — 100 Expériences électriques. 1 v.
803 — 100 Expériences physiques. 1 v.
804 — 100 Expériences chimiques. 1 v.
805 J. Desloir. — L'art de tirer les Cartes......... 1 v.
806 Comte de St-Germain. — L'Oracle du Destin... 1 v.
807 808 Mercurius. — Les Songes expliqués....... 2 v.
809 J. de Riols. — Le Langage des fleurs............ 1 v.
810 R. Théo. — Silhouettes à la main (Ombres faciles).. 1 v.
811 Caroly. — Tours faciles d'escamotage.......... 1 v.
812 E. Ducret. — Jeux innocents avec gages et pénitences. 1 v.
813 — Le Farceur parisien............. 1 v.
814 Caroly. — 100 Récréations amusantes.......... 1 v.
815 E. Ducret. — Oracle universel des Dames et des Demoiselles.. 1 v.
816 — Explication des Songes, Rêves et Visions 1 v.
817 H.-M. Audran. — Encyclopédie des Jeux....... 1 v.
901 L. de Beaumont. — Curiosités de la Science.... 1 v.
902 Ed. Teyssonneau. — 100 Récr. mathématiques... 1 v.
903 — Récréations enfantines à la veillée 1 v.

SCIENCES OCCULTES

1001 De Réméra. — Doctrines et Pratiques du Spiritisme... 1 v.
1002 — Phénomènes du Spiritisme...... 1 v.
1003 1004 Decrespe. — La Main et ses Mystères... 1 v.
1005 1006 — Manuel de Graphologie appliquée. 1 v.
1007 — Magnétisme, Hypnotisme, Somnambulisme 1 v.
1008 — Le Grand et le Petit Albert. 1 v.
1009 L. Clément. — La Lecture de Pensées......... 1 v.
1010 Dr Ely Star. — Astrologie populaire.......... 1 v.

Chez tous les libraires : 0 fr. 20 — Franco-poste : 0 fr. 25

EXTRAIT DU CATALOGUE

ŒUVRES DE PAUL FÉVAL

1 2 Le Fils du Diable .... 2 v.
3 4 Les Marchands d'argent .... 2 v.
5 6 Les Trois Hommes rouges .... 2 v.
7 8 La vengeance de Bluthaupt .... 2 v.
9 Ceux qui aiment .... 1 v.
10 Haine de races .... 1 v.
11 12 Le Cavalier Fortune .... 2 v.
13 14 Chizac-le-Riche .... 2 v.
15 Le Vulnéraire du Dr Thomas .... 1 v.

Les Parents Terribles :

16 Les Chenilles du ménage .... 1 v.
17 Enfin seuls ! .... 1 v.

ŒUVRES DE PAUL FÉVAL FILS

21 22 Le Loup-Rouge .... 2 v.
23 Le Testament à surprises .... 1 v.
24 25 Le Faux-Frère .... 2 v.

Histoire d'Outre-Tombe :

26 Une soirée chez la Marquise .... 1 v.
27 Le Judas Breton .... 1 v.
28 Le Bouquet au Moribond .... 1 v.

Les Amours du Docteur :

29 Tuteur infâme .... 1 v.
30 Vierge-mère .... 1 v.

Les Bandits de Londres :

31 L'Œil de diamant .... 1 v.
32 La belle Indienne .... 1 v.
33 Trois Policiers .... 1 v.
620 Un Notaire embêté .... 1 v.

ŒUVRES DE CHARLES DE BERNARD

72 La Chasse aux Amants .... 1 v.
73 Le Gendre .... 1 v.
74 Une Aventure de Magistrat .... 1 v.
75 Le Vieillard Amoureux .... 1 v.
76 L'Homme de cinquante ans .... 1 v.
77 La Femme de quarante ans .... 1 v.

Chez tous les libraires : 0 fr. 20 — Franco-poste : 0 fr. 25

EXTRAIT DU CATALOGUE

CLOVIS HUGUES

1050 Poésies populaires........................ 1 v.

ŒUVRES DE MOLIÈRE

1051 La jalousie du Barbouillé. — Le Médecin volant. — L'Etourdi........................ 1 v.
1052 Le Dépit amoureux. — Les précieuses ridicules. — Le Cocu imaginaire............ 1 v.
1053 Don Garcie. — L'Ecole des Maris............ 1 v.
1054 Les Fâcheux. — L'Ecole des Femmes........ 1 v.
1055 La critique de l'Ecole des Femmes. — L'Impromptu de Versailles. — Mariage forcé.. 1 v.
1056 La Princesse d'Elide. — Don Juan........... 1 v.
1057 L'Amour Médecin. — Le Misanthrope....... 1 v.
1058 Le Médecin malgré lui. — Le Sicilien........ 1 v.
1059 Le Tartufe.................................. 1 v.
1060 Amphitryon. — Georges Dandin............ 1 v.
1061 L'Avare...................................... 1 v.
1062 M. de Pourceaugnac. — Les Amants magnifiques 1 v.
1063 Le Bourgeois gentilhomme.................. 1 v.
1064 Psyché. — Les Fourberies de Scapin......... 1 v.
1065 La comtesse d'Escarbagnas. — Les Femmes savantes.................................. 1 v.
1066 Le Malade imaginaire. — Poésies............ 1 v.

DIDEROT

1067 1068 La Religieuse (Edition absolument complète)..... 2 v.
1069 1070 Les Bijoux indiscrets (Edit. absolument complète) 2 v.

BOCCACE

1071 à 1074 Contes galants........................ 4 v.

DUC DE ROQUELAURE

1075 à 1082 Mém. secrets, Amours, Duels, Farces. 8 v.

SCHILLER

1083 Les Brigands .... 1 v.

LE GÉNÉRAL LAZARE CARNOT

1084 *Don Quichotte*, poème héroï-comique et poésies. 1 v.

SAINT-JUST

1085 1086 Discours, œuvres politiques complètes.. 2 v.

Chez tous les libraires : 0 fr. 20 — Franco-poste : 0 fr. 25

EXTRAIT DU CATALOGUE

ROMANS DIVERS

	71	**Stephen Lemonnier.** — A travers le Bonheur	1 v.
	78	**Vincent Huet.** — La Vierge des Beni-Amer.	1 v.
79	80	**M. Audouin.** — Le Fiacre sanglant.........	2 v.
81	82	**Millanvoye et Etiévant.** — La belle Espionne	2 v.
83	84	**H. Le Verdier.** — La Faute d'Aimée.......	2 v.
	85	**Paul Vernier.** — Stepann le Nihiliste......	1 v.
86	87	— La Vengeance du Bâtard..	2 v.
	88	**H. Buffenoir.** — Le député Ronquerolle.....	1 v.
89	90	**G. Dujarric et D. Guyot.** — Amours de Prince	2 v.
91	92	**Louis de Vaultier.** — M'amour	2 v.
	93	**H. Le Verdier.** — L'Enjôleuse.............	1 v.
94	95	**Th. Cahu.** — Le Roman d'une grande dame	2 v.
96	97	— La Maîtresse du notaire......	2 v.
98	99	— Madame et Monsieur.........	2 v.
100	101	**D. Riche.** — L'article 340.................	2 v.
	102	**Joseph Montet.** — L'amour tragique.......	1 v.
	103	**H. Buffenoir.** — Le Roman de sœur Marie..	1 v.
	104	**G. Cane.** — Le crime de Clamart...........	1 v.
105	106	**L. Lafargue.** — Luttes d'amour............	2 v.
107	108	**E. Ducret.** — Chignon d'or................	2 v.
	109	**P. Grendel.** — Le Roman d'une fille du peuple	1 v.
	110	— Le Roman d'une libre-penseuse	1 v.
111	112	**A. Dubuc.** — Le Crime du cours St-Vincent	2 v.
113	114	**Chincholle.** — Le Crime du garçon coiffeur.	2 v.
	115	**A. et S. Lemonnier.** — Une Mère d'actrice.	1 v.
116	117	**Vincent Huet.** — Les Bandits algériens....	2 v.
118	119	**Théodore Cahu.** — Une Duchesse amoureuse	2 v.
	120	**Ch. Bérard.** — Mariage de l'Abbé Violette.	1 v.
	121	**André Valdès.** — La Vengeance de Lélia...	1 v.
	122	**P. Grendel.** — Ma mie Georgette..........	1 v.
		Vincent Huet. — *Aux Chasseurs d'Afrique :*	
	123	Pepita......................	1 v.
	124	La Patriote d'amour..........	1 v.
	125	— Un Fakir Arabe..............	1 v.
	126	**P. Grendel** — Le Journal d'une Jeune Fille.	1 v.
	127	**Etiévant.** — Martyre du Cœur............	1 v.
		A. Baratier. — *Le Trésor de Barbiche :*	
	128	Devant l'Ennemi......................	1 v.
	129	Tragique Idylle.......................	1 v.
	130	L'Or Allemand.........................	1 v.

Chez tous les libraires : 0 fr. 20 — Franco-poste : 0 fr. 25

EXTRAIT DU CATALOGUE

ŒUVRES DE MAYNE-REID

251 Les Pirates du Mississipi............ 1 vol.
252 253 Bruin, ou les Jeunes chasseurs d'ours. 2 vol.
254 Les Chasseurs du Limpopo.......... 1 vol.
255 256 Gaspar le Gaucho..................... 2 vol.
257 258 Les Chasseurs de scalps............. 2 vol.
259 Voyage à fond de cale................ 1 vol.
260 Les Chasseurs de plantes............ 1 vol.
261 Les Grimpeurs de rochers........... 1 vol.
262 Les Boërs Chasseurs d'ivoire......... 1 vol.
263 Les Vacances au désert.............. 1 vol.
264 Les Chasseurs de girafes............ 1 vol.
265 Le Mousse de la « Pandore »......... 1 vol.
266 Épaves de l'Océan.................... 1 vol.
267 La Corde fatale....................... 1 vol.
268 La Montagne-Perdue.................. 1 vol.
269 La Compagnie des Francs-Rôdeurs... 1 vol.
270 A travers les Abîmes................. 1 vol.
271 Le Cheval blanc des Llanos.......... 1 vol.
272 La Piste de Guerre................... 1 vol.

ROMANS ÉTRANGERS

351 **A. Pouchekine. — La Fille du Capitaine.** 1 vol.
352 353 Ch. Dickens. — Aventures de M. Pickwick 2 vol.
354 **H. Sienkiewicz.** — Bartek le Vitorieux. 1 vol.
355 — Une Idyle dans la Prairie. 1 vol.
356 **A. Pouchekine.** — Doubrovski ou le Brigand Gentilhomme. 1 vol.

Miss Braddon. — *Le Mari de la Cléo :*
357 Le Testament imprévu.............. 1 vol.
358 Le Crime de la rue Gibber.......... 1 vol.

Chez tous les libraires : 0 fr. 20 — Franco-poste : 0 fr. 25

EXTRAIT DU CATALOGUE

MANUELS UTILES

701 702 M. Decrespe. — *Electricité*, applications domestiques et industrielles........... 2 v.
703 H. de Graffigny. — Le jeune Electricien amateur 1 v.
704 L. Tranchant. — Manuel du Photogr. amateur.. 1 v.
705 H. de Graffigny. — Manuel du Cycliste......... 1 v.
706 Audran. — Traité de danse. — Cotillon......... 1 v.
707 — Traité de politesse. — Les Usages et le Savoir-vivre................ 1 v.
708 M. Decrespe. — Le petit Cycliste amateur...... 1 v.
709 Pierre Deloche. — Traité de pêche à la ligne... 1 v.
710 Madame X... — Cuisinière des petits ménages.. 1 v.
711 E. Ducret. — Pâtissière des petits ménages.... 1 v.
712 — Boissons et Liqueurs économiques des petits ménages.......... 1 v.
713 — Recettes économiques des petits ménages....................... 1 v.
714 L. Tranchant. — Le petit Jardinier amateur... 1 v.
715 A. Ducos du Hauron. — Photographie des couleurs 1 v.
716 E. Ducret. — Le Secrétaire enfantin............. 1 v.
717 — Le Secrétaire des Cœurs aimants.. 1 v.
718 — Le Secrétaire pour tous.......... 1 v.
719 G. Albert. — Manuel du Pâtissier-Biscuitier... 1 v.
720 E. Ducret. — Manuel complet de Cuisine ...... 1 v.
721 J. Quillon. — Manuel de Gymnastique .... 1 v.
722 H. de Graffigny. — Manuel pratique du Conducteur d'Automobiles........................ 1 v.
723 Ch. Lafont. — Le Livre d'or des Ménages...... 1 v.

Chez tous les libraires : 0 fr. 20 — Franco-poste . 0 fr. 25

EXTRAIT DU CATALOGUE

ROMANS D'AVENTURES

515 516 **W. de Fonvielle.** — Aventures d'un chercheur d'or au Klondike...... 2 v.
517 **Edgar Poë.** — Aventures extraordinaires d'Arthur Gordon Pym................ 1 v.
518 519 — Contes extraordinaires............ 2 v.
520 **Henri Renou.** — Mystères du Grand Chaco...... 1 v.
521 — L'Or du Gambusino.......... 1 v.
522 **Bret-Harte.** — Prisonniers des neiges.......... 1 v.
523 **J. Monti.** — Quand j'étais Bandit.............. 1 v.
524 **A. Beul.** — Mes Aventures à bord et à terre.... 1 v.

G. Guitton-Lerouge. — *La Princesse des airs:*
525 En Ballon dirigeable......................... 1 v.
526 Les Robinsons de l'Hymalaya.................. 1 v.
527 De Roc en Roc................................ 1 v.
528 Chez les Bouddhas............................ 1 v.

W. de Fonvielle. — *Les Aéronautes Français au Transvaal:*
529 En plein ciel................................ 1 v.
530 Autour du lac Tchad.......................... 1 v.
531 Chez les Boers............................... 1 v.

Guy-Brand. — *Le Cavalier sans tête :*
532 Maurice le Mustanger......................... 1 v.
533 Lora la Comanche............................. 1 v.
534 La Précaution fatale......................... 1 v.
535 L'Héritage du Flibustier..................... 1 v.
541 **H. Rainaldy.** — Les Aventures d'une Mousmé. 1 v.
542 — Les Mystères de Séoul........ 1 v.
543 544 **L. Greiner.** — La Guerre Russo-Japonaise. 2 v.
546 **Gaston Rayssac.** — Les Pirates Océaniens..... 1 v.
547 — Le Trésor des Incas....... 1 v.
548 — Les Libertadores.......... 1 v.
549 **Noël Amaudru.** — Deborah..................... 1 v.
550 **H. de Graffigny.** — Aventures d'un Aéronaute.. 1 v.
551 — Dix mille kilomètres en ballon. 1 v.

Hector France. — *Un Parisien en Sibérie :*
552 Le Tueur de Cosaques......................... 1 v.

Chez tous les libraires : 0 fr. 20 — Franco-poste : 0 fr. 25

R.F.
IMPRIMÉS

www.ingramcontent.com/pod-product-compliance
Ingram Content Group UK Ltd.
Pitfield, Milton Keynes, MK11 3LW, UK
UKHW022018170726
13837UKWH00001B/271